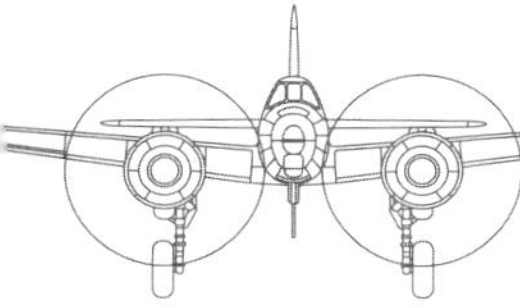

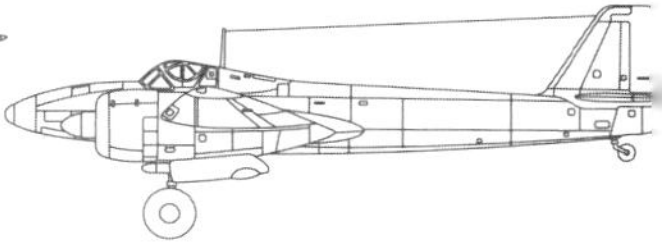

知られざる日本軍戦闘機秘話

横山雅司
Text by Masashi Yokoyama

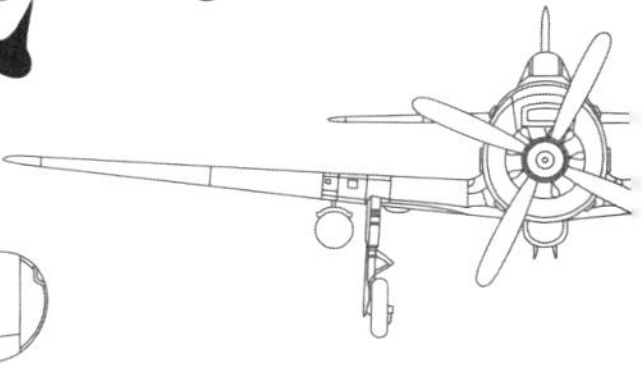

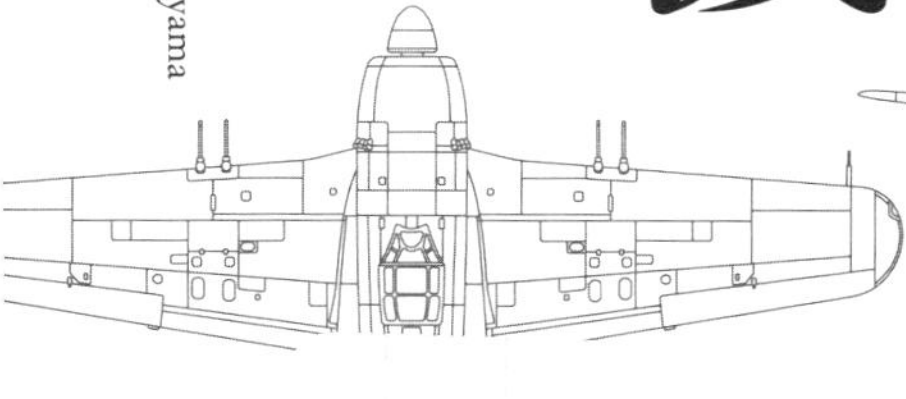

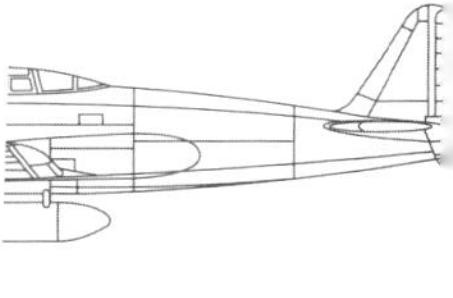

彩図社

はじめに

日本人が初めておとぎ話や伝説ではなく、科学的に空を目指したのはいつ頃だろうか。文献にはっきり残っている記録は18世紀の表具師「浮田幸吉」についての記録である。浮田幸吉は鳥の翼を観察し、木と竹でできた骨組みに和紙を貼り、今でいうハンググライダーのようなものを開発、橋から河原に向けて飛び降りたという。この時の実験はあまりうまくいかず、また世間を騒がせたという罪で飛行実験は禁止されてしまったようである。

明治時代に入ると二宮忠八という人物が、カラスの飛行を参考に「烏型飛行器」という模型飛行機を飛ばすことに成功。続いて人が乗れる「玉虫型飛行器」の開発に挑んだが資金不足に陥り、軍に援助を申し入れたが「飛行機」というものがまるで理解されず無視される。二宮忠八は自力で資金を貯めて開発を続行したが、世界初の動力飛行の座はライト兄弟に奪われてしまった。

明治時代には国産気球の研究も始まり、これはやがて気球、飛行船へと発展してゆくことになる。

日本陸軍が日本で初めて飛行機を飛ばしたのは明治43（1910）年、フランス製のアンリ・ファルマン機とドイツ製のハンス・グラーデ機で、これらは単にゆっくり飛ぶという機能しかなく、戦闘機と呼べるものではなかった。

欧州で第一次世界大戦が始まると、骨組みに羽布（密に織った麻布）を張っただけの、飛ぶのがやっとだった飛行機は飛躍的に発展し、わずか数年で機銃を装備した戦闘機や大型爆撃機まで誕生している。日本軍はすぐにこれら発達した軍用機を輸入、これを研究する中で独自の技術を身につけ、1930年代までには少なくとも機体を設計する技師については世界レベルに追いついていた。

そして時代は日本本土をも巻き込んだ戦火の時代へと突入する。

本書ではこの時代、すなわち日中戦争の頃から太平洋戦争末までの日本陸海軍の戦闘機を紹介している。

意外な躍進を見せた大戦序盤から、強大なアメリカとの死闘まで、数々の戦闘機が開発され、戦火の空へ飛び立っていった。

あるものは伝説になり、あるものは期待に応えることはできなかったが、そのいずれもが、良しにつけ悪しきにつけ、日本という国のありようを物語っているのである。

［知られざる日本軍戦闘機秘話］

第一部

日本陸軍の戦闘機

第二部 日本海軍の戦闘機

【第一部】

日本陸軍の戦闘機

四式戦闘機〝疾風〟

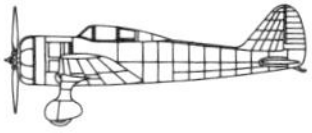

【執念が生んだ格闘戦の鬼】

九七式戦闘機

ノモンハンの新鋭機

中国東北部、ここにはかつて大日本帝国の傀儡国家である満州国が存在した。

表向きはあくまで日本の友好国であるが、実態としては日本の領土も同然であった。

その満州国と国境を接するのは、背後からソビエトに操られるモンゴルである。つまり、モンゴルと満州が国境の線引きを巡って紛争を起こせば、それはすなわち大日本帝国対ソビエトの紛争となるのだ。

その火の手が上がったのがハルハ河の近く、ノモンハンの大平原である。お互いが引いた国境線が折り合わず国境をめぐる戦闘が勃発、これを「ノモンハン事件」という。

九七式戦闘機

【SPEC】［全幅］11.31ｍ［全長］7.53ｍ［最高速度］468km/h［武装］7.7mm機銃×2［乗員］1名

この時、ソビエト軍は素早く行動を起こし、日本軍を質、量ともに上回る大量の戦車を準備していた。また、航空兵力としてはポリカルポフI-15、I-16という当時のソビエトの主力戦闘機も大量に用意していた。

I-15は当時既に時代遅れになりつつあった複葉（上下2枚の主翼を持つ構造）機であったが、複葉戦闘機には速度は遅い代わりに運動能力が高いという強みがあり、複葉戦闘機としては新しいI-15はバカにならない機体だった。

I-16は低翼単葉、引き込み脚とその後の戦闘機の主流になる構造をいち早く取り入れた、当時としては高速戦闘機だった。

この二機種がそれぞれの長所で補い合って戦うのが、ソビエト軍の戦術だった。

ソ連の主力戦闘機だった、ポリカルポフI-16

ところが、大編隊を組んで勇躍ノモンハン上空に現れたソビエト軍の戦闘機隊は、恐るべきものを見る。自軍より圧倒的に少数の日本軍機が、凄まじい勢いでソビエト軍機を叩き落とすのだ。

日の丸をつけたスマートな機体、それは日本陸軍の最新鋭機「九七式戦闘機」だった。

国産機の台頭

九試単戦（114ページ）の項にもあるように、初めはイギリスやフランスなど西欧諸国の飛行機を輸入し、西洋人の技師を招いてその技術の吸収に努めていた日本も、やがて自分たちの力だけで飛行機を作るようになる。

安定した品質で機械を量産するといった、一個人の天才的技量だけではどうにもならない部分を除け

小山技師がアンドレ・マリー技師らとともに作り上げた九一式戦闘機

ば、機体の設計はひらめきがモノを言う部分もあり、若い世代には三菱の堀越二郎や川崎の土井武夫など、もはや西洋の設計家に負けない飛行機をデザインする技師も現れていた。

その頃、日本を代表する戦闘機メーカーだったのが中島飛行機である。

その中島の顔といえる技師が小山悌《やすし》だった。

小山技師はフランスから派遣されて来ていたアンドレ・マリー技師に学び、実力をつけていった。ちなみに、マリー技師は仕事を離れれば気さくなおじさんだったが、自分の飛行機については頑固で設計の間違いを認めず、小山を困らせたそうである。

そのマリー技師が小山らとともに作り上げたのが九一式戦闘機である。

九一戦は単葉高翼パラソル型といって、一枚の主翼を胴体より高い位置に掲げるように配置する機体で、第一次大戦と第二次大戦の間の戦間期にはよく見られたものだった。

九一戦は当時としては、まるでアクロバット専用機のような驚異的な運動性能を持っており、陸軍の戦闘機乗りは大いに乗り回して腕前を披露した。運動性がよくどんな曲芸もこなせる九一戦は陸軍パイロットに気に入られたが、この当時の飛行機の発達の速度は非常に速く、世界の新鋭戦闘機と互角以上に戦うには、より高性能になるであろう単葉低翼型の戦闘機を設計せねばならない。しかし、それは世界の最先端の研究であり、誰も教えようもなく、もう外国人の先生に頼ることはできなかった。

これをまず成し遂げたのが、三菱の堀越二郎の手による九試単戦、のちの九六式艦上戦闘機である。

海軍のこの高性能機に触発された陸軍でも九六艦戦のような高性能機が欲しくなり、昭和10年末、次期戦闘機の要求性能を各社に伝えた。それはほぼ海軍が九試単戦に要求したのと同じレベルの、世界でも最高性能の戦闘機だった。

異なる点といえば陸軍の戦闘機乗りはとにかく鋭い旋回による格闘戦を好んだことだ。素早く敵の背後に回れる戦闘機が強い戦闘機、という信念を持っており、その当時陸軍の主力だった川崎の九五式戦闘機のような旧態依然とした複葉機を好むものも多かった。しかし世界の趨勢は明らかに速度重視の高速戦闘機に向かっており、「お客様のご意見」だからといって何も考えず複葉機を作るわけにはいかなかった。

執念が生んだ飛行機

上昇力も速度も旋回性能もすべて優れている飛行機を作るにはどうしたらいいか。

これをすればいい、という決定的な解決策はなく、地道に軽量化して翼面荷重を下げ、空気抵抗を減らし洗練されたデザインにし、機体表面に流れる気流の動きを見極めるしかなかった。幸い、中島では軍の仕様要求とは別に、社内で自主開発した単葉低翼の実験機をいくつも持っていた。

そのひとつが小山技師の設計したＰＡ研究機である。

ＰＡ研究機は単葉低翼型の機体を開発する先駆けとして実験的に作られた機体で、ちょうど複葉機の時代と単葉機の時代の中間の時代に作られた機体ということになる。そのため設計にも洗練されていない部分があった。

例えば複葉機なら支柱や張り線で主翼を支えればいいが、単葉機では主翼一枚なので支えがないのだ。複葉機の支柱や張り線は空気抵抗を生み速度を出すのを邪魔したが、丈夫で翼面荷重の低い翼となり運動性は高かった。

まだ単葉機の設計が未熟だった当時、単葉で主翼を支えるには翼を分厚く作って丈夫にするか、胴体から張り線を出して主翼を固定するかしかなかった。翼を分厚くするとそのぶん重くなるので、小山技師は張り線で支える方式を選んだ。

このＰＡ研究機は昭和９（１９３４）年、陸軍の次期戦闘機の候補としてキ11となり、川崎のキ10と競作という形で対決することになる。

この対決は非常に興味深いものだった。川崎のキ10は複葉機でエンジンは水冷式、中島のキ11は単葉で空冷式と、全く別の性質の機体同士の対決だったのだ。

結果は川崎の勝利だった。川崎も単葉低翼機を研究していたが、陸軍が運動性運動性とうるさいので結局複葉機に逆戻りし、その結果「お客様が満足した」というわけである。もっとも、九五式戦闘機として採用された川崎キ10は複葉機としては無類の高性能機で、同時代の欧米列強の複葉機となら互角以上に戦うことができた。

キ11は不採用になったものの、当初想定していた高速性能を出し、小山技師は次回作の手応えをつかんでいた。小山技師はいよいよ張り線なしで主翼が自分で自分を支える「片持式」の単葉機「ＰＥ研究機」の設計に取り掛かる。

ＰＥの研究が進展した昭和10年末に来たのが、件の陸軍の次期戦闘機計画だった。事前に自主開発が進んでいたおかげで、ＰＥはすでに競作に出せる直前のレベルにまで仕上がっていた。

不採用となったキ11の４号機は、朝日新聞社で高速通信機として活躍。民間への払い下げにあたって、プロペラを３枚から２枚のものに変更するなど改修が施された。

あとはできる限り機体を軽量化するだけだった。

そこで小山技師が採用したのが、主翼を胴体に取り付ける、その取り付け方法の変更である。

いくつかの機体では地上で運搬する際に便利なように機体が分解できる構造になっている。それまでの機体は胴体に主翼を差し込む構造になっていたが、これでは主翼から胴体への線が滑らかにつながらず、気流の流れが悪くなるし、丈夫に結合するにはどうしても重くなる。そこでＰＥでは主翼と胴体は完全に一体化することにした。

これなら取り外しを気にせず接合部分を凝った曲線にできるし、主翼を支える桁を左右で一本に通して強度を増すことができた。その代わり胴体の方を二分割できるようにし、運搬時はここを外せば良いようにした。

ありとあらゆる細かい部品に肉抜き穴を開けて執拗に軽量化もした。これも効果があったようだが、作業工程が増えて量産の時に足を引っ張るという問題点があった。機首のエンジンを覆うカウリングも胴体と一体になるデザインにし、代わりにカウル後端にカウルフラップという可動式の調整窓をつけて冷却用の空気の流れを調整した。着陸脚は引き込み式にするのが世界の趨勢になりつつあったが、軽さとシンプルさをとってあえて固定式にし、代わりに整流カバーで覆って空気抵抗を和らげた。

ＰＥ研究機は試作戦闘機キ27となり、中島、三菱、川崎の三社による競作の場に向かった。

誕生！　格闘戦の鬼

今回は各社とも低翼単葉の機体をもってきていた。

三社の中では川崎のキ28は液冷エンジン搭載機で、パワーもあったが重量も重く高速で直進するのに向いた機体で、旋回でのドッグファイトを好む陸軍の戦闘機乗りからは好評とは言い難かった。また、液冷エンジンは信頼性に問題があり、これもマイナス評価となった（川崎は三式戦〝飛燕〟に至るまで、液冷エンジンの不調に悩まされることになる）。

三菱のキ33は海軍で大好評の九六艦戦の陸軍バージョンで、性能は折り紙つきだったが、後発のキ27の方が性能でわずかに上回っていた。海軍と縄張り争いをしていた陸軍では、「海軍さんの飛行機のお下がりは使えない」という意識が働いたとするうがった見方もあるが、とも

九七式戦闘機は特に水平旋回能力の高さは目を見張るものがあった

かく最終的に採用されたのは中島のキ27で、制式採用されて九七式戦闘機となった。

　九七戦はバランスのとれた機体で速度も上昇力も当時としては並以上だったが、何よりも水平旋回した時の鋭さは世界最高で、新米が乗っても簡単に操縦できるほど素直で操縦しやすく、ロール運動していても軸がぶれないため狙った方向に機銃弾を打ち込むことができた。ヨーロッパではすでにメッサーシュミットＢｆ１０９やスピットファイアなどの次世代機が生まれていたが、ソビエト軍のＩ‐15、Ｉ‐16に比べて総合性能で勝る九七戦は事実上アジアに配備されている戦闘機では当時最強の機種といってよかった。

　日中戦線の帰徳《きとく》上空戦では30機の敵機を15機で迎え撃って撃退するなど、数では劣っていながら常に優勢に戦い続けた。ノモンハンでもその強さを遺憾

ノモンハンに展開する九七式戦闘機

なく発揮した。I‐15、I‐16と直接対決しても相手を圧倒し、撃墜／被撃墜比率は10対1に達することさえあったという。

また、草原に乱暴に着陸せねばならない場合もあるノモンハンでは、シンプルで軽い固定式の着陸脚は信頼性が高かった。ただし整流カバーとタイヤの間に草が詰まるので、カバーを外してしまうことも多かったようである。

しかし、やはり数の優勢というのは侮りがたく、ソビエト軍はやられるたびに機体を改良し戦術を洗練させて来た。もともと少数でやられたらジリ貧になる日本軍と違い、ソビエト軍は犠牲を糧に日に日に倒しにくくなっていったという。

例えばI‐16に防弾板を追加したり、格闘戦では絶対に勝てない九七戦に格闘戦を挑むのをやめてヒット&ランに徹するなど、のちの太平洋戦争におけるアメリカ軍のようなことになっていたようである。

空の戦いではこのように日本軍有利ながら先行き不透明という状態だったが、地上戦では人数でも戦車の性能でも負けていて、膨大な犠牲を出しながら押しまくられており、結局ノモンハン事件はソビエト軍とモンゴル軍の勝利となった。

戦いには負けたものの、陸軍の戦闘機乗りは九七戦に強い愛着を持ち、次の戦闘機にも強力な格闘戦能力を要求するようになる。

しかしこの保守的な感性が高速戦闘機の出現を遅らせ、皮肉にも日本軍の足を引っ張ることになるのだ。

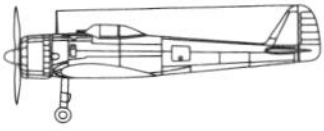

【日本陸軍が誇る猛禽】一式戦闘機〝隼〟

キ43、進むべき道はどこに

小山悌技師を主務とする九七式戦闘機はその圧倒的な操縦のしやすさと運動性能で、陸軍の戦闘機乗りから大好評を持って迎えられた。まるで手足のように動かせる九七戦は、のちに中国や満州で大車輪の活躍を見せることになる。

とはいえ、欧州の戦闘機はすでにより高速の全金属製、引き込み脚の戦闘機の時代に移行しつつあり、のちに第二次大戦の初期から終盤まで改良を受けながら戦い続けるイギリスのスピットファイアやドイツのＢｆ１０９に比べると、徹底的にシンプルにすることで重量を軽減し運動性能を上げた九七戦は、やがて来るであろう次の時代の戦闘機として通用する可能性は

一式戦闘機〝隼〟

【SPEC】［全幅］11.437ｍ［全長］8.832ｍ［最高速度］495km/h［武装］7.7mm機銃×２（後期型は12.7mm機銃）、15kgから30kgまでの爆弾×２［乗員］１名

なかった。

そこで陸軍は九七戦採用直後の昭和12（１９３７）年12月に、九七戦を開発した中島飛行機に対し、一社指名で新型戦闘機開発の仕様を提示した。

その要求の内容は時速５００キロメートル以上の速度、高度５０００メートルまで５分以内の上昇力、着陸脚は引き込み式、武装は７・７ミリ機銃×２、そして九七戦と同等以上の運動性能である。

この仕様要求による試作戦闘機キ43は性能的には零戦とほぼ同じレベルのものであり、要求する側としてはこれからの時代を見据えた順当なものだと言える。しかし、零戦と同じく作る方は大変で、特に速度と運動性を両立させるのは厄介だった。速度を出すには機体が重くても丈夫で短い翼が有利だが、運動性を出すには軽くて大きな翼で翼面荷重を低く抑えなければならない。単に速度が出せる戦闘機を作るなら、頑丈な機体にできるだけ大馬力のエンジン、短い翼を取り付けた機体を作ればいいし、運動性をよくするなら九七戦をより軽量に改良すればいい。

しかしこれらの特徴は相反するもので、速度を重視すると運動性が悪くなり、運動性を重視すると速度を出せなくなる。

九七戦を設計するときにも設計者を悩ませたが、さらに高性能を目指すキ43では要素が相反しすぎて支離滅裂であり、実現するのは難しかった。ただでさえ重量を軽くしたいのに、着陸脚を引き込み式にすると油圧装置などの必要な装備が増え、重量がかさんでしまう。しかし空気抵抗が大きい着陸脚は、引き込み式の方が速度が出せるのだ。

陸軍としては運動性重視の軽戦闘機（主に対戦闘機用）と、大馬力で速度と上昇力重視の重戦闘機（主に対爆撃機用）の二本柱で配備を進める腹づもりだったようで、重戦闘機の方は、のちにキ44〝鍾馗《しょうき》〟となる。

大馬力エンジンがあればなんとかなる重戦闘機はともかく、軽戦闘機の新型となるキ43は速さだけでなく敵戦闘機と同等以上の運動性能が必要だった。ここでライバルとして立ち上がってきたのは、皮肉にも自分たちで作った九七戦だった。陸軍の戦闘機乗りにとって軽戦とはまさに九七式のことであり、格闘戦無敵の九七戦はサムライ的な一対一の対決を好む日本の戦闘機乗りにとって、まさに理想の武器だった。

しかし、やがて来る高速化の時代にそんな時代劇のようなことを言っている場合ではない。保守的な陸軍の戦闘機乗りを納得させるには、九七戦よりも運動性で勝る機体に乗せなければならなかった。

発揮できぬ本領

互いに相反する特性を同時に改良するという、物理に反するような設計をするには、結局地道にバランスをうかがいながら、もっとも高性能になる一点を見極めるしかない。

まずエンジンは零戦のものとほぼ同じ栄エンジン、陸軍名称ハ25を使用することにした。試作型のキ43はまだ九七戦に似た部分も多く、過渡期という面があった。

中島社内で完成した試作1号機の飛行試験が行われたのは昭和13（1938）年12月だった。翌年の春にかけて公的な試験を受けたが、評価は芳しいものではなかった。

まず肝心の旋回性能が、九七戦に劣っていた。そのうえ、肝心の速度が遅い。仕様要求ギリギリの500キロ前後しか出なかった。九七戦の最高速度は時速460キロほど。たった三十

栄エンジン

数キロの進歩では、新しい時代の新型戦闘機とは到底呼べない。

また、武装の面でも問題が生じていた。当初は八九式7・7ミリ機銃を載せる予定だったが、途中でより高性能なドイツのラインメタル社製の7・92ミリMG17機銃に変更になった。

しかし、このMG17、いかにもドイツ的な精密加工部品の塊であり、日本ではライセンス生産できず、結局、使えなくなってしまう。

7・7ミリ機銃に戻そうにも、改良を加えた増加試作4号機が昭和14年冬に完成するまでの間に、敵機の防御力は増しており、7・7ミリ機銃では撃墜することが難しくなっていた。

たいして速くもなく、運動性も悪く、しかも攻撃力にも乏しいキ43は、どこをとっても中途半端で、失敗作の烙印を押されてもしかたがないような有様だった。

八九式7.7ミリ機銃（Wikiwandより）

中島飛行機は九七戦の改良型でお茶を濁そうとも考え、キ27改という試作機を作ってみたりしたが、やはり次世代機とはいえない。

キ43は色々な細かな改良案を試されてみたが、どれも性能の中途半端さを改善するまでには至らず、もはやキ43は忘れ去られるのを待つばかりだった。

隼よ、はばたけ！

倉庫で埃をかぶり続けるか、スクラップになるかの瀬戸際だったキ43だが、ここで思いもよらぬ幸運が訪れる。

南方のイギリス軍の拠点シンガポールを攻略するには、航続距離の長い戦闘機が必要だった。しかし、九七戦では増槽（落下式の使い捨て燃料タンク）を装備しても必要な航続距離が出せないことが判明したのだ。この長距離侵攻が可能な戦闘機を至急準備せねばならないが、一から新規開発している余裕はなかった。

同じ頃、飛行実験部実験隊長の今川一策大佐は、同じく航続距離の長い戦闘機を探していた。今川大佐はまともに試験されずにほったらかしになっている新規機材を発掘したり、自ら新機材の試験をするなど行動力に富む人物で、新しい機材の実用試験のための部隊の必要性を力説し、飛行実験部を創設させたという経緯があった。

今川大佐（当時は中佐）は新機種の試験にはどうしても腕利きのパイロットが必要だとして、欲しい人材を名指しで集め腕利きを手元に置き、さらに現用機はもちろん採用が決まらない試作機もすべて自分の基地に集めさせた。その中にパッとしないポンコツとされたキ43が含まれていた。自らパイロットでもあり、海外視察帰りで柔軟な思考の持ち主だった今川中佐は、このキ43に注目した。そして、あるひとつの、単純な事実に気がついた。

「何も九七戦と競う必要はないんじゃないのか？」

純粋にキ43の機体性能だけで見れば、旋回性能以外は九七戦に優っている。性能全般で見れば欧州の機体に劣っているわけではない。

機体構造が似ている零戦が、空母で近海まで運ばれてから飛んできたと連合軍が誤認するほどの航続距離を持っていたことから、キ43も増槽をつければ長距離飛行ができると考えた。この考えは正しく、実験的に増槽を取り付けたキ43は、なんと10時間30分も飛び続けた。格闘戦でも水平に旋回しながら戦えば九七戦には歯が立たないが、上昇力に勝る分垂直方向の動きを取り入れればキ43が有利になることが判明した。要は使い方だったのだ。

一式十二・七粍固定機関砲（ホ一〇三）を装備した一式戦闘機二型。アメリカから輸入した機関銃のコピー品だったが、陸軍の戦闘機で幅広く使用された。

ポンコツとして忘れ去られそうになっていたキ43は俄然、新戦闘機として再び注目を集め始めた。昭和15（1940）年、長距離戦闘機として再改良されることになったキ43は、空戦性能を高める蝶形フラップを装備し、プロペラはハミルトン定速プロペラに変更した。

機銃についてはノモンハンの戦訓、つまり防弾装備付きのソ連機に苦戦した経験から打撃力の弱い7・7ミリをやめて、威力の強い12・7ミリ機銃にいつでも変えられるように準備した。当時は適切な12・7ミリが開発中で、すぐに装備できないためこのような処置となった。

この12・7ミリはイタリアのブレダ社製品のコピーか、アメリカのブローニング社製M2機関銃のコピーから、より性能のいい方を選ぶという方針で、のちにブローニングM2のコピー品が一式

12・7ミリ機銃として採用された。もっとも、無断コピー品であり、最初は故障が頻発し信頼性不足と判定され、改良が進むまで2門のうち片方に7・7ミリ、もう片方に12・7ミリを搭載し、最悪でも弾が出ないという事態を避けることにした。

昭和16年、ライバルの九七戦をも倒せることを模擬空戦で実証したキ43は制式採用され、一式戦闘機となり、愛称を〝隼〟とされた。

苦闘のデビュー

陸軍の新鋭機として登場した一式戦闘機〝隼〟だったが、そのデビューは決して華麗なものではなかった。

海軍の零戦がたった13機で27機の敵機を撃墜し、あまりの強さに実在さえ疑われたほどだったのに対し、隼は極めて大きな初期不良を抱えていた。

中国の広東に進出していた部隊に隼が届けられた時、部隊のパイロットが九七戦にはない引き込み脚を見てみようと近寄ってみたところ、なんとジュラルミンの外板にいくつもの亀裂が走っていた。さらに主翼表面にはシワがよっており、外板を打ちとめてあるリベットの穴が伸びていた。あまりに無謀な軽量化を強行したため、機体強度が戦闘機として飛べるレベルを下

鹿児島の知覧飛行場から発進する一式戦闘機〝隼〟

回っていたのである。

実際試験飛行中にも部隊での訓練飛行中にも空中分解する事故を起こしており、「殺人機」と呼んで乗るのを嫌がる者まで現れた。引き込み式の着陸脚もうまく作動せず、滑走中に引っ込んで地面に胴をすりつけたり、飛行中に飛び出す有様だった。

武装も初期型では7・7ミリ機銃のままであり、もはや時代遅れの弱武装だった。12・7ミリの方はイタリア、ブレダ機関銃をそのまま載せることもあったが、これはいまいち信頼性にかけ、発射しないこともあった。国産の12・7ミリ弾も機銃内で暴発しやすかった。

しかし、その航続距離の長さは驚異的だった。

加藤建夫《たてお》少佐率いる飛行第64戦隊、通称「加藤隼戦闘隊」は、東京の福生で機種転換訓練を終えた後、なんと中国の広東まで無着陸で飛行して戻ったという。

加藤少佐はまだ目覚めていない隼の潜在能力を見抜き、問題点に気がつくたびに改良を行うよう要請した。

日本の戦闘機といえば防御力が低いのが特徴のように言われるが、中国や満州の戦訓から、隼は早いうちから防弾板を導入している。中島の技師は加藤少佐からの要請が入るたびに機体の強化を行った。隼は徐々に高性能な戦闘機へと仕上がっていった。

活躍！　隼戦闘隊

太平洋戦争が始まると、南方に展開した日本陸軍の戦闘機隊も爆撃機の護衛や地上部隊の援護のために出撃することとなる。

加藤少佐の地道な提言と中島の技師の努力、そして隼自身の潜在能力もあって、実戦の場へ躍り出るや、隼は零戦に負けない圧倒的な戦果を挙げていく。

零戦と同様、開戦当初の日本軍の搭乗員の技量は総じて高かった。その技量を持って運動性抜群の隼を操縦したことや、空戦中に「蝶形フラップ」を操作することで、鋭い旋回で敵機の背後に回り込めたこと、最高速度自体は遅いが馬力の割に機体が軽いので加速性能が高く、極端な機動をして速度が低下しても容易に立て直せたことなどもあって、隼は大活躍する。連合軍は、自軍のパイロットに「低速で飛んでいる隼に不用意に近寄るな」と警告を出していたという。

加藤少佐の「加藤隼戦闘隊」は、ビルマ戦線では連合軍の高速戦闘機の攻撃を運動性でかわして対抗し、映画になるほどの活躍を見せた。

加藤隼戦闘隊（飛行第64戦隊）を率いた加藤健夫中佐

戦争終盤、他の戦線では日本軍の航空部隊は敗退を重ねていたが、ビルマではベテランパイロットたちが生き残り、終戦まで連合軍と互角の戦いを繰り広げていたという。

ちなみに隼活躍の立役者である加藤中佐（当時は中佐に昇進していた）は、昭和17（1942）年5月、イギリスのブリストル・ブレニム軽爆撃機の迎撃任務中に被弾、帰還困難とみて自ら海面に突入、戦死している。

一式戦〝隼〟は、零戦以上に運動性にこだわって作られた戦闘機だった。

それゆえにベテランが乗ると鳥のように自由に飛び回ることができた。

その反面、速度が遅く、P-40のような大戦初期の相手でも逃げられることがあり、P-38やP-51のような高速戦闘機が相手では、ひたすら敵の攻撃をかわして隙を突くしかなかった。ベテランはそれをやってのけたが、逃げ切れるが敵も墜とせない、という半端な状況になることもあった。

太平洋戦争が始まる昭和16年末、すでに隼の性能では行き詰まるであろうことを見越していた小山技師は、陸軍の新戦闘機の仕様要求に応える新型「キ84」に取り掛かろうとしていた。

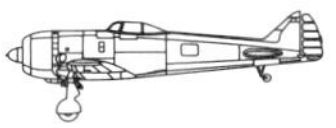

【上昇一直線！　日本初の重戦闘機】二式単座戦闘機〝鍾馗〟

軽戦と重戦

昭和13（1938）年、日本陸軍は新たな戦闘機を研究、取得するための大方針を固めた。この「研究方針」では、戦闘機については二種類の戦闘機を開発することが決められた。すなわち、格闘戦能力を重視し、敵戦闘機が来たら追い散らして撃退する軽戦闘機と、敵爆撃機接近の報とともに発進、急上昇し重武装で叩き落とす重戦闘機である。当然、軽戦闘機には敵戦闘機を上回る運動性能が、重戦闘機にはとにかくパワーとスピードが必要とされた。

軽戦闘機の方は、苦闘の開発が続いた末に一式戦闘機〝隼〟が採用となり（隼の試作自体は研究方針の確定前から中島に発注されていた）、その圧倒的な運動性能で、大戦末期に旧式化して以降もベテランの期待によく応え、終戦まで粘り強く戦うことになる。

一方の重戦闘機は、当の日本陸軍がアウトラインを確定させるのに手こずっていた。具体的な仕様要求を固めないとメーカーに発注もできないが、具体的にどのような機体が欲しいのか、自分たちでもはっきりさせるのに手間取ったようだ。

昭和13年といえば、欧州ではドイツがメッサーシュミットＢｆ１０９、イギリスがスーパーマリン・スピットファイアなどの高性能機を準備していた頃であり、就役がその数年遅れるであろう新型重戦闘機は、それらの戦闘機が進化した姿を見越して性能を設定しておかねばならない。しかし、より高性能にしたいと言っても簡単にできるものではなく、無理な高望みをして開発に失敗しては何にもならない。

最終的に「最高速度は時速６００キロメートル以上、上昇力は高度５０００メートルまで５分以内、行動半径６００キロメートル、武装は7・7ミリ2門、12・７ミリ２門」という仕様要求がまとまり、中島飛行機に試作機が発注された。

試作重戦闘機キ44

さて、目指すべき目標は確定したが、これを今度は実現させなければならない。

二式単座戦闘機〝鍾馗〟

【SPEC】［全幅］9.45m［全長］8.75m［最高速度］605km/h［武装］7.7mm機銃×2、12.7mm機銃×2、30kgから100kgまでの爆弾×2または250kg爆弾×1［乗員］1名

この重戦闘機〝キ44〟を設計したチームもまた、隼と同じ小山悌技師が率いた。

まず何よりも重戦闘機に必要なのは、馬力とスピードの要、エンジンである。

できることならデカくて大馬力、しかし細くて空気抵抗の少ないエンジンが欲しい。当然そのような都合のいいエンジンはないので、口径が大きくやや空気抵抗も大きいが、1250馬力も出せるハ41エンジンを使うことにした。

機体の構造にも工夫が必要だ。

重戦では運動性能は重視されない。その代わり速度が出せること、急降下してもビクともしない頑丈さが必要だった。隼や零戦などの軽戦は、機体を軽く、翼面荷重も軽く旋回すればクルクル回れる飛行機に仕上げられたのだが、高速では強度不足で急降下速度に制限があり、無茶をすれば空中分解した。しかし、高速で一撃離脱、敵編隊に突っ込むことが前提の重戦では、そのようなヒョロヒョロの機体にするわけにはいかなかった。

キ44は翼面荷重を重めに設定し、主翼が太く短く、大口径エンジンを搭載し頭でっかちになったことも手伝い、なんともずんぐりした姿をしている。

ちょっとやそっとの荷重で翼が折れないよう、翼を覆う外皮には「多格子型応力外皮構造」という独特のものが使われた。

これは外皮の裏側に波型の板を貼って補強するもので、これで翼表面の外皮を支え、強度を出す工夫だった。この構造のおかげで時速８５０キロメートルで急降下してもビクともしない頑丈な機体となった。零戦が急降下時に６７０キロを超えると空中分解の危険があったことを思えば、キ44の頑丈さはまるで鉄の箱の如しである。

ちなみにキ44には最初から座席に防弾板が設置されていた。これはノモンハン事件の戦訓によるものである。

翼の後端には隼と同じく「蝶形フラップ」が取り付けられた。これは一時的に翼の揚力を増す装置で、空戦中でも動かして空戦フラップとして使うことができた。

ただし、隼のように運動性を追求した機体ではないため、隼のような身軽さはなかった。

成増飛行場に並んだ47戦隊第3中隊のキ44〝鍾馗〟。手前から2番目の機体は日の丸の背後にある黄帯などから、隊長機（もしくは副隊長機）と思われる。

もっとも、それは初めからわかった上で設計されていたはずだったのだが、現場レベルではそうではなかった。

鈍重機の烙印

仕方のないことではあるが、最初のテスト飛行では、陸軍の期待に応えたとは言い難い。速度も上昇力も要求に満たない時速550キロメートル、5000メートルまで6分22秒という成績だった。これは改良によって順次改善してゆき、最終的に陸軍の要求を達成した重戦闘機となってゆく。

しかし、キ44を初めて見た現場の搭乗員たちは困惑した。研究して作る方でさえ戸惑った重戦闘機は、それまで速度は遅いが運動性抜群の九七式戦闘機で経験を積んで来た搭乗員たちにとって、全く勝手のことなる異質な機体だった。

一直線に飛べば速く、グングン上昇するが運動性はイマイチで、クイックに動く九七戦とは大違いだった。また、翼面荷重が大きく揚力が小さい分、機体を浮かせておくにはそれだけ速い速度で飛んで主翼に気流を流さねばならず、結果として着陸時には速い速度を維持したまま滑走路に進入しなければならない。心理的に緊張を強いられ技術的にも着陸が難しくなった。また大口径のエンジンのせいで機体前方が膨らみ、着陸時に機首を引き起こすと前が見えなくなるという欠点があった。

九七戦で腕を磨いた歴戦のベテランたちはキ44を「乗りにくい機体」と見なし、乗るのを嫌がった。面白いことに経験が比較的浅い若い搭乗員からはそのような意見は出ず、好んでキ44に乗りたがり、難しいキ44を乗りこなすことを誇りにさえしていたという。

これは結局、慣れと固定観念の問題に過ぎなかった。

キ44は性能的にはドイツのＢｆ１０９に近い一撃離脱型の戦闘機であり、そう思って乗れば(欧州基準では)それほど運動性能が悪いわけではなかったのだ。むしろ日本軍機があまりにも速度を捨ててまで運動性能にこだわり過ぎたのである。

誕生！　キ44〝鍾馗〟

鍾馗を斜め後方から撮った写真。鍾馗は中国の唐代に誕生したとされる道教由来の神で、日本では魔除けなどの効能があると信じられていた。

キ44の初期量産型である一型は、結局陸軍が求めた「時速600キロ以上、上昇力高度5000メートルまで5分以内」を達成できなかった。

そのため改良を加えたⅡ型の開発が、まだⅠ型のテスト中だった昭和16年に始まった。主な変更点は、エンジンを1250馬力のハ41から、1450馬力のハ109にしたことだった。これにより最高速度は時速580キロメートルから600キロメートルに、上昇力も5000メートルまで5分54秒から4分15秒に大幅に向上した。

陸軍省は主として広報用に、戦闘機に勇ましくカッコいい愛称をつけるということを始め、このキ44二式単座戦闘機はその愛称を「鍾馗」とされた。

鍾馗の逸話として有名なもののひとつが、研究用に購入したメッサーシュミットＢｆ１０９と性能比較をして勝った、というものである。

これは鍾馗が一撃離脱型の重戦闘機として、世界レベルの傑作機だという事実を示している。ただし、この時比較対象だったＢｆ１０９は旧型のＥ‐７型で、ドイツ本国ではすでに高性能のＦシリーズが生産されていた。そのため「Ｂｆ１０９の世界最高の重戦闘機という評価に鍾馗が待ったをかけた」というイメージは必ずしも正しくない。それでも、鍾馗が世界レベルの機体だという事実は揺るがないのだが。

問題は機体の性能とは違うところから現れた。

九七戦の格闘戦能力に固執するベテラン勢が、速度と上昇力重視の鍾馗の価値をなかなか理解しなかったのだ。

これは後々表面化してくる問題だった。

無線での連携、急降下からの一撃離脱と降下速度を利用しての急上昇という戦法は、のちに格闘戦無敵の軽戦闘機である隼や零戦に対してアメリカ軍が多用して、日本軍機を圧倒するようになる。戦争は格闘技でもスポーツでもないので、勝てるシステムがあるのに何も腕一本で勝負をする必要などないのだ。

しかし、格闘戦により雌雄を決するという考えに固執した日本軍は鍾馗を敵爆撃機編隊の攻撃には使えるが、戦闘機相手の戦闘には使えないとみなしていた。Ｂｆ１０９との比較で劣っ

ドイツが誇る重戦闘機メッサーシュミットBf109。史上最も数多く生産された戦闘機で、大戦を通じておよそ3万機が生み出された。

ていないという実績がなければ、採用されない可能性すらあったという。

ともあれ、鍾馗は太平洋戦争開戦から活躍することになる。

バッファローなどの旧式戦闘機相手では敵機を圧倒したが、やはりもともとの構想通り爆撃機相手に戦うのが本分となり、戦争後半の本土防空戦で活躍する場面が多かった。

ただし、高性能爆撃機B-29には苦戦を強いられた。B-29は機体が頑丈な上に多数の機銃で弾幕を張ってくる。何より高高度でも任務が遂行できるように機内は与圧（気圧を地上に近い状態に保つこと）されており、高性能の排気タービン過給機のおかげで高度1万メートルを超えて飛んでも性能が低下しなかった。

もし同じ環境で何の対策もせずに通常の戦闘機

が飛べば、搭乗員は低温と酸欠で気絶、エンジンは気圧の低下と酸素不足で馬力が出せず、哀れ機体は真っ逆さまに墜落する。搭乗員の対策は電熱線の入った飛行服や酸素発生装置でなんとかなるが、Ｂ‐29のような高性能の排気タービンは一朝一夕には開発できなかった。

このため鍾馗はＢ‐29がいる高度まで追いすがることすらできない、という大問題を抱えることになってしまう。この問題の解決策が、武装や防弾板など飛行そのものには不要な装備を全部外し、身軽になってＢ‐29に体当たりするという「震天制空隊」であった。震天制空隊は空の神風特攻隊というべきものだったが神風同様、悲惨で犠牲ばかり多く戦況の打開にはつながらなかった。

鍾馗の生涯を総括すると、そもそも一撃離脱型の高速戦闘機として性能や戦法を育てなければならないところを、格闘戦に固執するあまりそれを軽視したことがこの機体の大成を阻んだと言える。もし初期の段階で日本陸軍に新時代の高速戦闘機の明確な構想があれば、陸軍で最も有名な機体は、隼ではなくこの鍾馗だったのかもしれない。

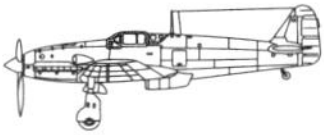

【工業力の限界に泣いた名機】三式戦闘機〝飛燕〟

謎の戦闘機

戦争も後半に入ろうという頃、アジアで戦うアメリカの戦闘機乗りから、指揮官へ奇妙な報告が入ってきた。

日本軍がドイツのメッサーシュミットＢｆ１０９戦闘機を使っているというのである。

日本とドイツは同盟国であり、ドイツ製戦闘機をライセンス生産して使うこともあり得ないことではない。アメリカ軍内ではー度それで納得してしまったようである。

しかしそれは、メッサーシュミットではなかった。

開発したのは日本の川崎航空機、設計から生産まで日本で行った日本の飛行機である。

しかし、アメリカ軍がBf109と誤認したのも無理はない。エンジンだけはドイツで開発されたダイムラー・ベンツDB601エンジンを国産化したハ40エンジンを使用しており、同じ形状のエンジンを使った結果、機首まわりのフォルムがそっくりになっていたのだ。

その戦闘機はアメリカの戦闘機乗りにとって実に奇妙だった。それまで戦ってきた日本機と特徴がまるで違うのである。

従来の日本の戦闘機は驚異的な身軽さ、旋回性能と引き換えに機体構造が脆弱で急降下に弱く、速度も今ひとつだった。しかしその奇妙な日の丸メッサーは違った。

いつも日本機に対して行うように、急降下で離脱して引き離そうとしたアメリカの戦闘機乗りは、そいつが全く離されずピタリと追いすがってくるのを見た。

また、そいつは日本機でありながら速度が速く、ベテランが操ればアメリカ軍のお株を奪う巧妙なヒット&ラン戦法をやってのけたのである。

避けて通れぬ道「液冷エンジン」

日本陸海軍が第二次大戦期を通じて使用した戦闘機のほとんどが空冷エンジンを使用してい

三式戦闘機〝飛燕〟

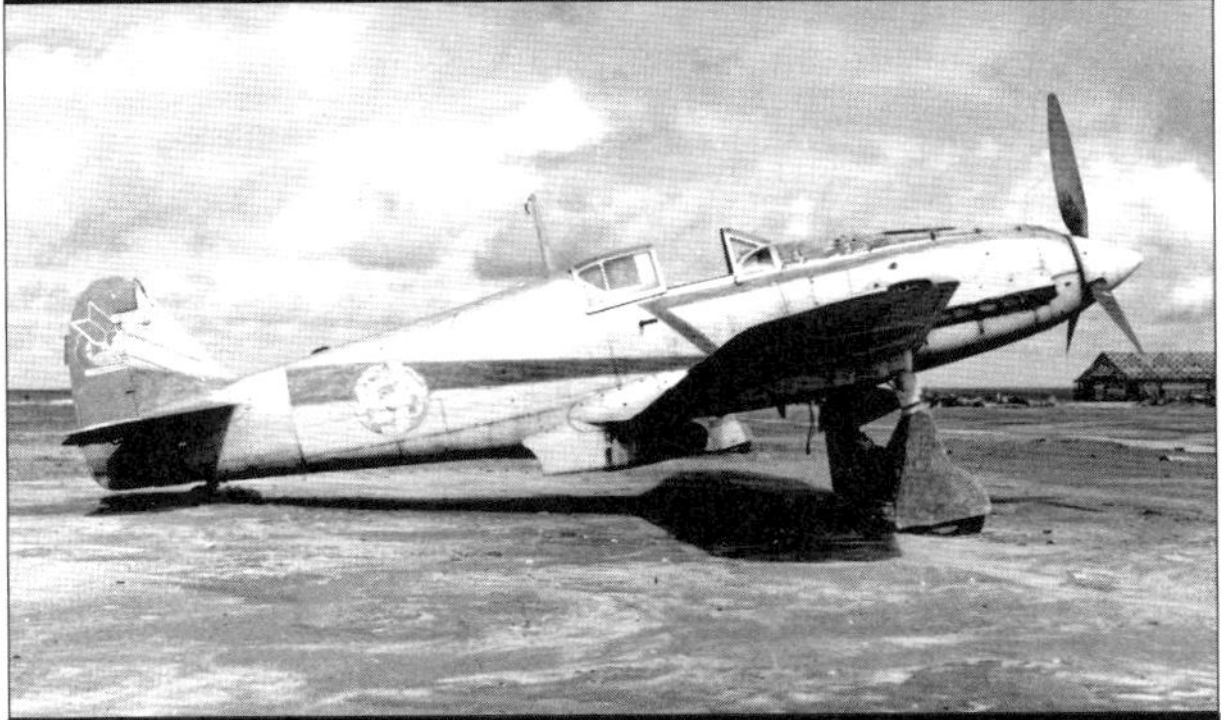

【SPEC】［全幅］12ｍ［全長］8.74ｍ［最高速度］590km/h［武装］12.7mm機関砲×4、100kgから250kg爆弾×2［乗員］1名

た。空冷エンジンとは文字通りエンジンの冷却に外部の空気を直接使うエンジンのことである。シリンダーに刻まれた冷却フィンを外部の冷たい気流にさらし続けることで熱を逃がしオーバーヒートを防ぐ。

空冷エンジンの利点はまずダメージに強いこと。仮に14気筒星型エンジンのひとつのシリンダーが敵の銃撃で破損したとしても、冷却機構が独立しているため、エンジンは回り続ける。そして何より、空冷エンジンは構造が比較的単純で開発しやすいことということも魅力だった。

これは工業化して日が浅い日本にとって大きな利点で、空冷エンジンを比較的早い時期に戦闘機エンジンとして国産化することができた。

しかし、その一方で空冷エンジンならではの問題もあった。

空冷エンジンはシリンダーのすべてに冷たい気流を均等に当てなければならない、という原理上の縛りがある。これは、どんなに機体のフォルムに工夫を凝らしても、シリンダーが必ず空気抵抗を生むということに他ならない。エンジンのある機首部分の直径は太くせざるを得ず、馬力の割に速度が伸び悩むという欠点があった。

これを解決するには、エンジンを完全に機体の内部に収めるしかない。そうすれば機体のデザインを、空力的に無駄のないフォルムに整えることができる。そのためには、別の方法で風の当たらないところにあるエンジンを冷やさなければならなかった。

そうして誕生したのが液冷式エンジンである。

液冷式とは文字通り、エンジン周りに冷却液を循環させて熱を吸収、熱くなった液を外部に露出した冷却器を通して冷やし、再びエンジン周りに循環させる方式である。液冷式エンジンはシリンダーに均一に気流を当てる必要がないため、航空機用空冷エンジンのようにシリンダーを円環状に並べて星型にする必要はなく、縦に並べることができる。結果エンジン全体の形は細長くなり、スマートなフォルムの機体の中にも収めることができるのだ。

イギリスのスピットファイア、ドイツのＢｆ１０９、アメリカのＰ-51ムスタングなど、世界を代表する戦闘機はこぞって液冷エンジンを使うことで高速化を成し遂げていた。

イギリス軍の夜間戦闘機／爆撃機「デ・ハビランド　モスキート」。その驚異的な性能から〝The Wooden Wonder（木造機の奇跡）〟と称された。

特にイギリスのスピットファイアは傑作エンジンであるロールスロイス・マーリンエンジンを使っており、アメリカのムスタングもマーリンエンジンの自国生産型パッカード・マーリンを使って初めて、世界に名を轟かす高速戦闘機となった。たった一機種の傑作液冷エンジンをものにすれば、いろいろな機体に使用でき、次々に高速機をデビューさせることができるのだ。

ちなみに全木造機でありながら、あまりの高速性能に敵機が追いつけなかったことで知られるイギリスの爆撃機／夜間戦闘機モスキートもマーリンエンジンを使っていた。

一方、枢軸国側には、傑作液冷エンジンと呼べるものは、ドイツのダイムラー・ベンツＤＢ６０１ぐらいしかなかった。

キ60とメッサーシュミット

三菱に堀越二郎ありと言われたように、川崎には土井武夫がいた。

土井技師は東大卒業後、川崎に「見習い」として入社、有名なドイツ人技師のリヒャルト・フォークトを師匠に設計の修行を開始。メキメキと頭角を現し、二十代で戦闘機開発に参加するようになる。ちなみに同期となる堀越とは仲が良く、テスト飛行のため各務原飛行場で顔を合わせても、お互いライバル会社の社員でありながら親しく話し、飛行機について語り合っていたそうである。

川崎では戦前から液冷エンジンの研究開発を行っていた。

例えば川崎九二式戦闘機、九五式戦闘機は液冷戦闘機であるし、川崎八八式軽爆撃機も液冷エンジン搭載機である。もっとも、日本の工業力では構造が複雑な液冷エンジンを開発するのは困難が付きまとい、なかなか大馬力のものを作ることができなかった。

戦前の航空黎明期の日本では、三菱がフランスのイスパノ・スイザ社の液冷エンジンをライセンス生産して使用していた。しかし、これはあくまで教材として輸入した欧州機の影響によるもので、確固たる目的があったわけではない。当時の液冷エンジンは古式ゆかしい複葉機や飛行艇に使われる低馬力なものだったため、のちに構造が単純で信頼性が高い空冷星型エンジ

川崎航空機が製造・開発を行った「九五式戦闘機」（写真は三型）。ドイツのBMW社のエンジンをベースに開発した液冷V型12気筒エンジン「ハ9」を搭載していた。

ンが日本では主流となっていく。

第二次大戦が勃発した昭和14（1939）年、日本陸軍は液冷エンジンを装備した新型戦闘機の取得を試み、液冷エンジンの研究が先行していたドイツから、液冷エンジンの製造権を購入することを決定する。

当時、川崎はドイツのダイムラー・ベンツ系の液冷エンジンをライセンス生産していた。陸軍の命を受けた川崎の社員は、ダイムラー・ベンツのエンジンDB601の製造権取得に乗り出す。

DB601は倒立V字型12気筒という構造で、V字の谷の部分に砲身を通すことで大口径の機関砲弾をプロペラ軸の中心、つまりプロペラの真ん中から発射できる「モーターカノン」という方式をとることができた。これは小型の高速機から、一撃で重爆撃機を撃墜できる弾を発射できることを意味しており、ドイツのメッサーシュミットＢｆ１０９が恐れられたのもこの仕組みが要因のひとつだった（中心軸がエンジンの稼働部でふさがってしまう星型空冷エンジンではこの方式をとることはできない）。

川崎はとりあえずＤＢ６０１の実機を４基ほど輸入し、それを新型の試作機に取り付けて試験してみることにした。

この時開発中だったのが新型の液冷戦闘機の試作機「キ60」で、設計の総指揮をとっていたのが土井武夫だった。

キ60の試験の最中、陸軍がドイツから試験的に購入したＢｆ１０９戦闘機が到着する。同じＤＢ６０１を積んだ機体、しかも航空先進国ドイツの飛行機とあっては皆が興味津々、関係者がぞろぞろと見に行ったようである。Ｂｆ１０９は当時の陸軍機や試作機と模擬空戦を実施、また、日本人パイロットもＢｆ１０９に試乗してみたりした。設計者サイドは当時最新鋭の機体が見られて大満足だったようだが、鋭い旋回での格闘戦を好む日本人パイロットからは、ヒット＆ランが得意なＢｆ１０９の乗り心地は必ずしも評価が高くなかった。

模擬空戦の結果、格闘戦に特化して速度が遅く旧式になりつつある九七戦はともかく、日本陸軍の試作機は中島のものも川崎のものもＢｆ１０９に（細部の部品の仕上がりなどを除けば）引けを取らない性能があることがわかった。そこで陸軍は戦闘機の試作計画を整理し、川

川崎航空機が開発した試作機「キ60」。ドイツのダイムラー・ベンツ社のDB601をそのまま搭載しており、時速560キロを誇った。

崎にはキ60より軽快な戦闘機を要求した。

この時すでに川崎ではキ60と同時進行で開発中の軽戦闘機キ61があり、キ60で得たノウハウも足せば、高速で敵を襲い、反撃されれば身を翻して逃げられる高性能機ができるはずだった。

三式戦闘機〝飛燕〟誕生！

昭和16（1941）年、キ61は初飛行に成功した。

キ61は当初の予定通りの高速戦闘機となり、それまでの日本軍戦闘機、零戦や一式戦〝隼〟の時速500キロ台前半を大きく凌ぐ時速590キロをマークしていた。

その速度は日本軍の戦闘機では群を抜いており、敵機と誤認され零戦に襲撃されるも、速度を生かして零戦を置き去りにして逃げ切った、というエピソードが存在する。

このキ61を昭和18年に制式採用したものが三式戦闘機

アメリカ軍に鹵獲された飛燕。工業力の不足から本領を発揮することはなかった。

〝飛燕〟である。冒頭の通り、飛燕は日本軍戦闘機には珍しい液冷式エンジンを搭載していたため、アメリカ軍はドイツのメッサーシュミットやイタリアのM・C202フォルゴーレ戦闘機のコピーだと思い込んだようである。

もっとも、アメリカ軍の飛燕に対する評価は高い場合も低い場合もあり明確ではない。

零戦や隼は速度が遅い代わりに驚異的な運動性を持っていたのに対し、飛燕はそれほどではないし、高速機というにはアメリカ軍機の方が速かった。それに飛燕は根本的な部分で問題を抱えていた。ダイムラー・ベンツDB601エンジンの国産品であるハ40エンジンに欠陥品と整備ミスが続出、機体の運用や生産が滞っていたのである。

DB601は先進工業国ドイツが生み出した精密パーツの塊である。一基のエンジンが生産される背景には、裾野の広い工作技術——達人級の技術を持つ職人や工作機械が必要になる。それを一朝一夕で真似をするなど不可能だったのだ。

この技術力の不足は、整備にもついてまわった。液冷エンジンの整備には、構造に精通した整備士が必要だった。しかし、ハ40をまともに整備できるのはごくわずかで、多くの整備士はフルカン継手（密閉容器の中でオイル漬けの羽根車を回転させて、無段階変速でもう一方の羽根車を回す装置。エンジンの回転力から過給機を回す回転力を取り出す。自動車のトルクコンバータに似た機械）のオイル調整ひとつできなかった。液冷エンジンの要である冷却器の調整もできないため、エンジンをオーバーヒートさせてしまうなどトラブルが続出した。そもそもＤＢ６０１は構造が凝りすぎで、整備性の悪かったのだ。

このハ40を動員された素人が作り始めるともはや目も当てられない状態で、まともに回るエンジンとして完成するかどうかは運次第という、もはや量産機械の体を成していない状態であった。ハ40の改良型であるハ１４０に至ってはエンジンを組み上げることすら困難で、三式二型戦闘機になるはずの優秀な機体〝だけ〟が工場に並び、それらは「首なし」のまま放置されるという悲惨な状況であった。

飛燕は傑作とも失敗作とも言われるが、そもそも全力を発揮できる状況にすらなかったという意味で、実に不運な機体であった。

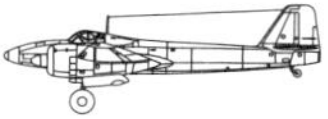

【高空に生存空間を確保せよ】

キ108試作高高度戦闘機

定まらぬ居場所

昭和16（１９４１）年に生まれた陸軍のキ45改戦闘機は、明確な運用目的の見えない双発戦闘機として誕生した。

双発戦闘機は運動性に劣り、進化した単発戦闘機との格闘戦となると不利な戦いを強いられる。川崎キ45改は二式複座戦闘機〝屠龍〟となるが、結局大成した戦闘機にはならなかった（対地攻撃では活躍しており、ほとんど戦闘爆撃機であった。また、護衛のいない爆撃機相手なら有利に戦えた）。

このキ45改をさらに改良、一人乗りの単座戦闘機とし、高高度戦闘で敵爆撃機を撃ち落とす

高高度戦闘機 キ108

【SPEC】［全幅］15.76ｍ［全長］11.71ｍ［最高速度］580km/h［武装］37mm機関砲×1、20mm機関砲×2［乗員］1名

ことだけに特化した戦闘機にしたのがキ96である（昭和18年）。

しかし、まだ排気タービンの技術が未熟だった日本では、上空1万メートルを飛び、敵爆撃機に追いすがり撃墜できるほどのエンジンを持つ機体は作れなかった。キ98に液体酸素を積み込んでエンジンに酸素を供給する実験まで行われたそうであるが、これは危険すぎるため実用化されなかった。

キ98は双発戦闘機としては優れた機体だったが、いずれにせよ敵の単発戦闘機が現れたら太刀打ちできないし、速度で圧倒できるほど速いわけでもなかった。

キ96は今度は対地攻撃機、陸軍風に呼称すれば「襲撃機」に改修されることになり、キ102乙と名称が変わり地上の戦車や海上の

運動性に劣ったため活躍できなかった「キ45改〝屠龍〟」

舟艇を攻撃する専用の機体とされた。

キ102乙の最大の特徴は57ミリ砲という戦車並みの大砲を飛行機に乗せてしまったことだろう。

これはホ401機関砲と呼称されていたが、要するに陸軍の兵隊が敵戦車を撃つときに使う57ミリ砲と同等のものを自動装填式に改めたものである。

当然当たれば戦車でも破壊できるが、発射速度は毎分50発、実際の携行弾数は16発で、低空を時速数百キロでかすめ飛びながら敵戦車を撃つには、やはり発射速度が遅かった。また、作動不良が多発したようである。

このキ102乙、試作指示の時点で高高度戦闘機型も作ることが決められていたため、またしても高高度戦闘機となる。

これはキ102甲と呼ばれたが、やはり排気タービンの不調で戦力化できず、より改良されたキ102丙が計画されたが、これは完成させることもできなかった。

このシリーズは陸軍の軸のぶれたあやふやな方針と排気ター

屠龍の改良版キ96を高高度戦闘機に改良した「キ102甲」

ビン技術の不足に泣かされ、結局戦闘機として活躍した機種はほとんど存在しない。その中でも、特に奇妙な実験機が存在した。それがキ108である。

高空は地獄

人間が普通に活動できる高度は3000メートルまでと言われている。

空は高く登るほど気温は低く、空気は薄くなる。上空1万メートルでは気温はマイナス50度、空気は地上の3分の1しかない。旅客機の脚につかまって密入国しようとした者が凍死体で発見されるという事件がまれに起こるが、上空は生身の人間が生きられる環境ではない。酸素も人間が活動できる濃さではないため、酸素マスクがなければ思考もままならないのだ。

現代の旅客機の客室は上空1万メートルを飛行していてもお上空2500メートル程度の気圧と快適な室温が保たれる設計

になっており、地獄の高空をのんびり眺めながら料理に舌鼓をうつことができるのだ。このように外界と隔絶して気圧と気温を快適な状態に保つことを「与圧」と言い、この技術があるかどうかは高空での作戦行動に大きな影響が出る。

B-29爆撃機が強かったのも、進んだ与圧システムを持っていたことも要因のひとつである。機内は快適な状態に保たれており、高高度にあっても上半身はシャツ1枚で勤務できたという。

一方、与圧システムを持たない日本軍は、電熱線の入った飛行服で体温を保ち、酸素発生機で作った酸素をマスクで吸っていた。しかし、電熱線は貴重な電力を消耗し、これを使うと無線が繋がらなくなったという。また、酸素マスクも地上同様の呼吸というわけにいかず、結局、判断力低下を招いた。

B-29を撃ち落とすには、機体の性能が高いだけではダメで、搭乗員をまともな状態に保つ工夫が絶対に必要だったのである。

与圧室装備機キ108

排気タービンだけでなく与圧キャビンの技術でも遅れをとっていた日本だが、アメリカのB-29完成間近の報を受け高空での作戦行動に関する研究を行う必要が認識される。そして昭和

キ108の与圧キャビンの構造

18年、軍から与圧室付き双発単座戦闘機の研究試作が指示された。当時、キ96をキ102に改設計の作業中だった川崎は、キ102をもとに与圧室装備の試作機を開発することになった。

ひとくちに与圧室の装備といっても、その開発は並大抵のことではない。

与圧室は単なる密閉容器ではなく、常に外気より高い圧力をかけつつ、常に新鮮な空気を送り続けなければならない。加えて操縦室でもあるため、手足の動きを邪魔する形状ではいけない。そこで川崎はカイコのまゆ型の形状の与圧室を採用。内部は人が座れるだけの空間があり、先端をガラス張りにし、そこだけ機外に出して周囲を見られるようにした。このガラス部分はくもり対策で二重にし、挟まれた空間は魔法瓶のように真空にした。

ハッチは外部の整備員が外からネジで締める構

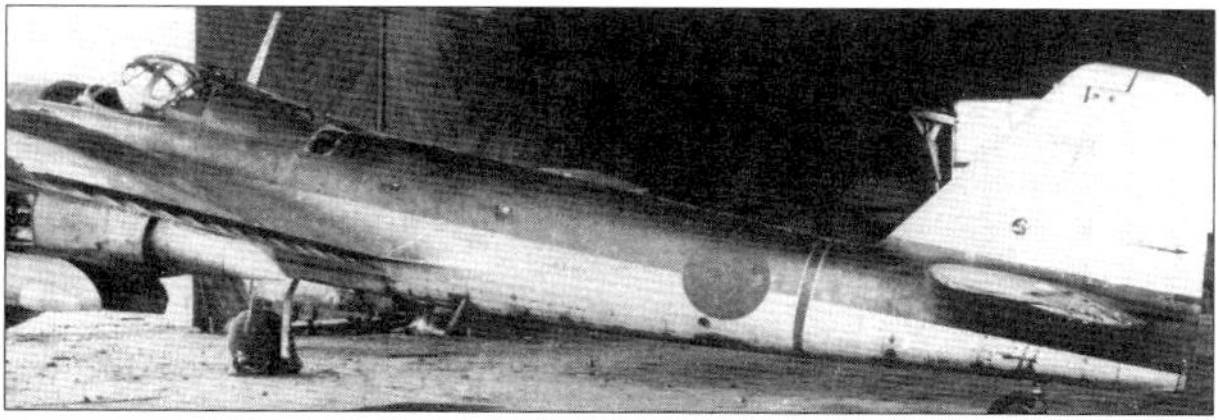
キ108を斜め後方から撮った写真。残された資料は多くない。

造になっていたため、搭乗員が自分で外に出ることはできなかった。そのため、緊急の際はボタン操作で扉を吹き飛ばして脱出することになった。

エンジン関係の計器は、狭いカプセル内にいても見やすいように、主翼のエンジンナセルに直付けされていた。窓から外の計器を見て確認する仕様だ。

内部に圧力をかけるのはルーツブロアーという空気を圧縮して送り出す装置で、もととなる空気はエンジンの排気タービン過給器から引っ張ってきた。カプセル内の気圧は高度1万メートルの時に高度3000メートル程度の気圧、外気温マイナス25度の時にカプセル内15度に保つことができた。

ただしこのルーツブロアー、容器の中で組み合ったローターを回転させ、吸い込んだ空気を圧縮する仕組みだったが、容器と内部のローターとの間に隙間があると空気が抜けて圧縮できない。要求された隙間の精度は0・2ミリ以下、しかし、当時の技術ではそれを達成できなかったため、やむを得ず、代わりに内部にタップリと注油して容器を密閉した。その結果、空気に油の蒸気が混じってしまい、搭乗員が呼吸困難に陥るというトラブルが発生している。技師たちはこの問題の改善に苦労したようだが、最終的に油霧吸収器を設置して解決した。

機体の方はキ102高高度型が開発中で、そこで完成した機体を元に、開発中の与圧カプセルを設置すればキ108の完成だ。

キ108は昭和19（1944）年7月に初飛行し、細々した問題点をあぶり出しを受けながら適宜改良が進められていった。搭乗員の証言によると、キ108に乗り込み、ハッチが閉じられ密閉されると外部の音はほとんど聞こえず、ルーツブロワーの作動音とともに油の焦げる匂いがする空気が押し込まれてきたという。

しかし、試験が本格化した昭和20年にはすでにB-29による爆撃が激化しており、爆撃の間を縫うように試験をしなければならなかった。完成された与圧キャビンを持ち、悠々と高高度から爆弾を落としてくるB-29を川崎の技師たちはどんな思いで見つめたのだろうか。

結局、試作機4機（通常型2機と改良型2機）のうち3機や工場も爆撃で破壊されてしまい、キ108開発計画も完全に頓挫してしまった。最後に残った一機も終戦後アメリカ軍に接収され、調査されたのち破壊されてしまったのである。

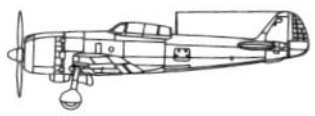

【見せよ、最優秀機の誉れ】四式戦闘機〝疾風〟

アメリカ軍を驚かせた調査

昭和20（１９４５）年1月、長い戦いの末にフィリピンを奪還しつつあったアメリカ軍は、撤退した日本軍が残した多数の航空機を手に入れる。その中に、アメリカ軍がコードネーム「フランク」と命名していた機体も含まれていた。

アメリカ軍はフランクを詳細に検分するためオーストラリアに運び、そこでフランクのテスト飛行を繰り返した。そうして出た結論にアメリカ軍は驚いた。

フランクは、当時のアメリカの新鋭機Ｐ‐51ムスタングやＰ‐47サンダーボルトに匹敵する高性能機だったからだ。最高速度は時速６８７キロメートルに達し、日本機としては極めて速

四式戦闘機〝疾風〟

【SPEC】［全幅］11.238ｍ［全長］9.74ｍ［最高速度］624km/h［武装］12.7mm 機関砲×2、20mm 機関砲×2、30kg から250kg 爆弾×2［乗員］1名

く、ムスタングの７０３キロ、サンダーボルトの６９７キロに近い性能があった。アメリカ軍は調査の結果、フランクこそ日本軍の最優秀戦闘機であると報告している。

フランクこと四式戦闘機〝疾風《はやて》〟、それは日本においても大いなる期待がかけられた新鋭戦闘機であった。

最強の機体を作れ

隼と鍾馗が配備され、飛燕が開発中だった昭和16（１９４１）年12月、まさに太平洋戦争開戦の月に、陸軍から中島飛行機に新鋭戦闘機キ84試作の内示があった。

その主な仕様要求は最高速度時速６８０キロメートル、高度５０００メートルまで４分30秒以内、隼並みの航続距離、12・7ミリ機銃2門、20ミリ機関砲2門というもので、運動性能も格闘戦に特化した隼並みのものを期待していたという。

格闘戦をすれば軽戦闘機の隼のように舞い、全開にすれば重戦闘機の鍾馗よりはるかに速い。都合がいいといえば都合が良すぎる要求だが、新鋭機を何機もモノにしてきた中島飛行機なら可能かもしれなかったし、このキ84が実戦に出る頃には諸外国の新鋭機もまたさらに進化しているのは間違いなく、できるギリギリのところに挑戦し続ける必要があった。

ただし、キ84についてはひとつ有利な点があった。日本航空機エンジンの最高傑作となるべき新鋭星形空冷エンジンが鋭意開発中だったのだ。このエンジンは海軍が先導して開発されており、その名を「誉《ほまれ》」、陸軍名を「ハ45」といった。ハ45はアメリカの傑作空冷エンジンであるプラット&ホイットニーR‐2800に匹敵する2000馬力級エンジンでありながら、それより小型軽量というとんでもないエンジンだった（正確にはハ45は初期型で1800馬力、改良型で2000馬力）。

もともとキ84の要求にある高速性能も小型軽量で大馬力のハ45を使うことが前提で要求された数字だったし、2000馬力級エンジンがあれば決して不可能な数字ではなかった。

ハ45の正体

ロンドン科学博物館に展示されている誉エンジン

ハ45はもともと零戦や隼に搭載されていた栄、陸軍名ハ115エンジンを14気筒から18気筒に大型化したものである。

もっとも、これだけでは1000馬力級エンジンを2000馬力級エンジンにすることはできない。だからと言ってそれ以上シリンダーの数を増やしても、それは単なる「大きな重いエンジン」に過ぎないのだ。

そこでハ45では、吸気圧を増大し、回転数も2750回転から3000回転にアップ、高オクタン燃料を使用し、吸気を冷却する水エタノール噴射装置を取り付けた。いわば乗用車をレーシングマシンに改造するように各部をチューンしたのだ。

誉／ハ45が完成した時、陸軍海軍ともこれを大いに喜び、早速、エンジンの大量生産を開始させた。

この高性能エンジンが完成した今、日本軍は次々に高速戦闘機を配備させることができるはずだった。

ところが、誉／ハ45の生産状況は全くはかばかしくなかった。

実はこのエンジン、試作品として熟練工がみっちり手がける分にはいいが、部品の鋳込みや削り出しに匠の技が必要だった。完成までの工数も多く、（当時の日本においては）生産性に問題があったのである。

とくに熟練工が兵隊にとられ始めると、生産の遅れが顕著になった。製造しているのが素人のような工員であるため、完成しても品質が劣悪という酷い状態になってきた。

ハ45は性能自体は良いエンジンだが、レーシングマシンのような繊細な整備が必要だった。そのため、性能が額面通り出ないことが多く、それを装備した戦闘機もまた期待された能力を発揮できないという問題にも悩まされた。誉を装備した紫電改が、故障の頻発による稼働率の低下に苦労したのもこのせいである。

また、資源の欠乏に苦しむ日本軍にとって、ハ45はそもそも性能を引き出すことが難しいエンジンだった。ハ45のような高圧縮比で回すエンジンには、高オクタン価の燃料を使わなければならないが、日本では満足に手に入らない。かといって、オクタン価の低い、いわゆるレギュラーガソリンを使えば、高圧縮比のエンジンは異常燃焼を起こして馬力の低下、異常加熱や部

中島飛行機の工場で製造中の疾風。戦後になってアメリカ軍に撮られた写真。

品の破損を引き起こしてしまう。

低品質ガソリンに苦しんだ日本軍の計測では、キ84の最高速度は時速624キロメートルと、アメリカ側の記録より大幅に遅かった（ただし、このアメリカの計測は武装を外して行われている）。実のところ、アメリカ軍が疾風を高評価したのも、有り余るハイオクガソリンのなせる技だったのだ。

活躍なるか「大東亜決戦機」

昭和18（1943）年には機体が完成し、テストが始まった。

キ84は速度と運動性を兼ね備え、同時期のムスタングやヘルキャットといったアメリカ軍の主力と対等に戦える潜在能力を秘めていた

だが、能力は潜在していては意味がない。キ84は

故障が多く、関係者を悩ませた。エンジンもだが、プロペラのピッチ変更装置（回転中にプロペラの羽の迎え角を変更する装置。疾風のものは電動式だった）などにもトラブルが発生した。キ84は実に125機もの試作機が作られている。これはテストと訓練と量産準備を速やかに進めるため、増加試作機を改良しつつ大量に製作したからである。

昭和19年3月には制式採用され、四式戦闘機〝疾風〟として配備されることになった。

疾風は、日本陸軍最高の性能を、少なくともスペック上では持っていた戦闘機だった。直径の小さいハ45エンジンを装備したおかげで、スマートでほっそりとした機首をしており、前方視界は良かった。操縦もしやすく、テスト中も運動性に関しては評判は良かったようである。

やがてこの機体は戦局を挽回する高性能の「大東亜決戦機」と呼ばれるようになる。調子のいい時の疾風は、まさにこの名に恥じない名機だった。

先ほども触れたとおり、疾風の性能はアメリカの新鋭機と同等のレベルにあった。そのため、ベテラン操縦士が操れば、迫り来るアメリカ軍の戦闘機に対し、一歩も引かずに堂々と戦うことができた。

なかでも中国に進出した飛行第22戦隊の奮戦は有名である。旧式と化した隼ばかりを相手にしていたアメリカ義勇兵部隊は、突如、中国の空に出現した高性能機に驚いた。第22戦隊は各地を転戦したため、敵側は疾風を装備した部隊がいくつも進出してきたと勘違いしたと言われ

正面から見た疾風。機首のスマートさがよくわかる。

ている。それほどまでに疾風は敵にとっては脅威だったが、裏を返せば第22戦隊の負担は大きかった。

第22戦隊は各地から引っ張りだこの様相となり、「ちょっと休ませてくれ」とも言えない。搭乗員の戦死も相次ぎ、故障の頻発や補充機が届かないなどの飛行機のトラブルもあり、現地にいた1ヶ月ほどで消耗、一回の出撃に出せる機体が2機しかないことさえあった。

疾風はフィリピン、沖縄、そして本土防空戦にも投入されたが、ベテラン搭乗員の減少や部品、整備の品質の低下に悩まされ、期待されたほどの戦果は出せなかった。それでも「大東亜決戦機」という期待のもと、実に3500機もが生産された。

他の日本機と同様、設計の段階では世界最高レベルの機体といって良かったし、ハ45エンジンも一点ものの特製エンジンとして作れば十二分な性能があった。しかし、工業製品としての戦闘機はそれだけではだめなのである。

どこかの工場の名もなき工員が普通の仕事として作っても、まったく問題なく作動する部品。それを何万個も組み合わせて飛行機は作られる。完成した機体のスペックは同等でも、個々の部品の品質が設計した時の基準に届いていなければ何もならない。アメリカではそれができ、日本ではできなかった。また、整備員の質と数も足りなかった。この差は非常に大きく、特に戦争末期ではまともに飛べない飛行機が多発するという悲惨な結果を招いた。

疾風は確かに決戦に挑んだが、ついに勝つことはできなかった。昭和20年3月には特攻部隊編成の命令が発令され、疾風は速成訓練を受けた新米搭乗員による特攻にも使われている。

ちなみに、アメリカ軍にテストされた疾風は、その後、民間人の航空機コレクターのエド・マロニー氏に買い取られ、動態保存、つまり飛行可能な状態に整備された。その後、この機体は日本人に買い取られ、京都の嵐山美術館に展示されたが、展示状態が不適切で機体の劣化が進行したと言われている。もともと民間レベルで飛行機文化が発達しているアメリカの方が、日本軍機の保存に適しているとの意見も根強い。

この機体は各地を転々とした後、現在は知覧特攻平和会館に展示されている。現在は室内の展示場に丁寧に保管されており、保存状態は良いようだ。

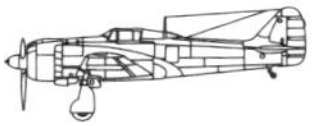

【首なしの燕よ、甦れ！】
五式戦闘機

飛燕生産の惨状

高速戦闘機として誕生した三式戦闘機〝飛燕〟はしかし、液冷エンジンの開発及び生産が難航したことで期待されたような活躍ができなかった。

改良型の三式二型の生産に至っては、改良型のハ１４０エンジンの生産すらおぼつかず、高性能機として見事に仕上げられた機体だけが、エンジンなしの〝首なし状態〟で放置されていた。二型の機体の余り具合といったら、建物に収まり切らず道路にはみ出すほどで、機体の連なる長さはなんと2キロ以上に達した。

事情を知らない近所の人たちも、最初は新鋭戦闘機が大量生産されていると喜んで見ていたそうだが、いつまでたっても完成しないのでしまいには心配し始めたそうである。この大量の機体が戦力にもならず放置されるという事態は、何としても避けなければならなかった。

この惨状を見た関係者から、使い物になるかどうかわからない液冷エンジンのハ１４０を諦めて、信頼性が高い空冷エンジンを取り付けてはどうか、という意見が出た。

しかし、飛燕の設計主務であった土井武夫技師は、空冷エンジンの装着に難色を示した。液冷エンジンは形状が細長く、機首をスマートにできるからこそ、速度の向上に有利になる。直径が太く頭でっかちになる空冷エンジンでは、贅肉を削ぎ落とし洗練されたスタイルに仕上げた飛燕の良さを殺してしまう。それになにより、血のにじむような努力で三式二型とエンジンの改善に取り組んでいる仲間に、空冷でいこうとは言い出せなかったのである。

しかし、ハ１４０の生産はその後も停滞が続いた。結局、生産された３４７機のうち、ハ１４０を積んだ三式二型はわずか99機で、残りは空冷エンジンを積んだ新型機「キ１００」として完成させられることになった。

頭でっかち「キ１００」

キ１００に装着するエンジンは、三菱の「金星」エンジン系列の「ハ１１２二型」に決まった。

五式戦闘機

【SPEC】［全幅］12ｍ［全長］8.82ｍ［最高速度］580km/h［武装］12.7mm機関砲×2、20mm機関砲×2［乗員］1名

ハ112二型は、高速偵察機に使用されるなど信頼性の高いエンジンで、幸運なことに三式二型の胴体の四隅にある縦通材にほぼ無改造で取り付けられることがわかった。

しかし、問題はここからだった。

飛燕の機首は、細く引き絞られることを前提に設計されている。そこに大直径の星型空冷エンジンを載せると、胴体の直径からはみ出てしまう。気流の整流用のエンジンカウリングを被せると、まるでナマズのような頭でっかちの飛行機になってしまった。

かっこ悪いだけならいいが、この形状は大きなマイナスだった。カウリングと急激に細くなる胴体の境目には、20センチもの段差が生じてしまったのだ。

この段差は高速飛行時、気流を巻き込んで

エンジンが露出した五式戦闘機

渦を発生。それが空気抵抗や振動の原因になった。深さ20センチの段差は、鋲の頭すら嫌って沈頭鋲を採用するようなシビアな戦闘機のデザインにあって、いわば谷のような深さだった。

開発に当たった技師たちは、解決策を検討した。そしてまず、カウリングの後端を滑らかに引き絞ることに取り組んだ。しかし、この方法では渦の発生を抑えられないことが判明。機体自体を太くするというアイデアも出たが、それではせっかく完成した機体を大改造せねばならない。

結局、胴体の一部にフィレット（整流用の出っ張り）を取り付け、エンジンカウリングとの段差をなくすことにした。フィレットが届かない部分には、隙間からエンジンの排気管を出すことで無駄を省いた。この排気管には排気で渦流を吹き飛ばす効果もあった。これらのアイデアは、ドイツから研究用に

五式戦闘機に搭載された「ハ112二型」。信頼性が高く期待通りの能力を発揮した。

輸入したフォッケウルフＦｗ１９０戦闘機が参考になった。

Ｆｗ１９０はパイロットでもある有名なクルト・タンク技師の手による戦闘機で、カタログ上の性能はもちろん、戦場で活躍できることを念頭に、頑丈で整備しやすく作られたドイツを代表する傑作機だった。

技師たちはＦｗ１９０の排気管の取り回しを手本にし、全体の線が前方から後方に向かって滑らかに流れるデザインに作り直した。空冷エンジンになったことで、有利になったこともあった。飛燕は胴体下部から冷却器が突き出ていたが、周辺機器も含めてまとめて取り外すことができた。エンジンも少し軽くなり、全体で３３０キロの軽量化が図れたのだ。この軽量化により機体の重心が変わってしまったが、主翼の上に胴体の構造物が乗っているデザインだっ

五式戦闘機のフロントショット

たため、胴体を少しズラすことで調整した。

そうして完成したキ100は、前面の空気抵抗が大きいため、最高速度（時速590キロ）こそ三式二型（時速610キロ）には劣ったが、全体的には性能が向上していた。

まずなんといっても故障が格段に少ない。整備に熟練の技術や勘が必要なハ40やハ140と違って、ハ112二型は通常の手入れをしていればよく回った。カタログ上はどんなに優れていたとしても、必要なときにその能力が発揮されなければ、それはないのも同然なのだ。

キ100は機体が大幅に軽量化されたため、運動性もよくなった。飛燕譲りの急降下性能のおかげで、日本機の欠点だった急降下速度の遅さも改善された。キ100は、アメリカの戦闘機と対等に戦える機体となったのである。

その名は五式戦闘機

五式戦闘機のバックショット

キ100は昭和19（1944）年11月には軍需省から設計が命令され、12月末には設計図が完成、翌年2月には初飛行という驚くべき速さで完成した。

すでに存在していた機体とエンジンの組み合わせなので、イチから開発するよりは短期間でできるのも不思議はない。だが、それにしても異例のハイペースである。この頃には日本は追い詰められており、急いで高性能機を手に入れる必要があったのだ。

キ100は「五式戦闘機」として制式採用され（あくまで改造機で制式戦闘機ではないとする説もある）、主に本土防空用に国内に配備された。当時、硫黄島がアメリカ軍の手に落ち、B-29にP-51ムスタングといった護衛をつけた爆撃機が日本本土に襲来しており、もはや旧式機では太刀打ちできなくなっていたからだ。

五式戦を任された搭乗員たちは奮い立ち、今か今かと敵がくるのを待ち構えた。

しかし、そこで軍首脳部が待ったをかける。本土決戦に備えて戦闘機を温存すべし、という消極的な方針を打ち出し、一部の部隊を除いて戦闘機の出撃を禁止したのだ。

この時、出撃が許されたのが、三重県の明野陸軍飛行学校の戦闘機部隊だった。

飛行学校という名前からもわかる通り、もともとは戦技研究や搭乗員への教育を行う機関で、その性質上、腕利きのパイロットが揃っていた。昭和20（1945）年6月5日の戦闘では、大阪を爆撃したB‐29の大編隊の帰路を五式戦で急襲、6機を撃墜する戦果を挙げている。

飛燕を装備し、関東を守っていた第244戦隊にも五式戦が配備された。隊員たちの士気が上がったが、この244戦隊には出撃禁止の命令が下る。

我が物顔で飛び回るB‐29に我慢ならなくなった若い隊員たちは、戦隊長の小林少佐に詰め寄り出撃を直訴した。その意気を汲んだ小林少佐は、司令部に「戦闘訓練をやります」と嘘の報告をして部下に戦闘準備をさせた。そして翌日、敵襲があると五式戦18機で出撃、グラマンF6Fヘルキャット戦闘機を12機も撃墜し、意気揚々と戻ってきたという。

もちろんこれは軍法会議モノの命令違反で、司令部からは叱責の電話がかかってきた。

しかし、第244戦隊はそれ以前からB‐29を多数撃墜してきた実績があり、天皇陛下から直々にお褒めの言葉を賜るという幸運もあったため、司令部からの叱責がピタリと止んだそうである。もっとも、それ以降、小林少佐には司令部から送り込まれた監視役の参謀がピッタリ張り付くことになったため、無茶な真似はできなくなった。

五式戦はこういった防空戦闘でその性能の片鱗を見せたが、あまりにも登場が遅かったこともあり、戦局に影響を与えるほどの活躍はしていない。

もっと早くに五式戦が手に入っていたら戦局は変わっていた、と証言する搭乗員もいる。五式戦は日本軍機としては高性能だったが、アメリカ軍の戦闘機と比較すると、性能的に出現が2年は遅かったとも言われる。五式戦と同時期のアメリカ軍の戦闘機は、P‐51ムスタングD型やF8Fベアキャットなど、時速700キロ台の高速戦闘機だった。時速600キロに満たない五式戦は、実際のところ、その前の世代の戦闘機といい勝負、というところであった。

五式戦は日本陸軍が最後に制式化した「陸軍最後の戦闘機」である。その戦闘機がやはりアメリカに追いつけなかったのは、結局は国力と技術の格差が原因であった。

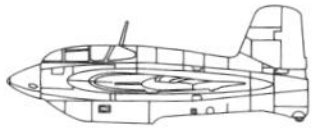

【日本軍最速戦闘機となるか】
ロケット戦闘機〝秋水〟

究極の要撃機

迫り来る敵爆撃機から基地や都市を守る戦闘機が迎撃機、要撃機、海軍でいうところの局地戦闘機である。

これらの機体に求められるのは、できるだけ速く上昇して敵の爆撃機に食らいつくための上昇力、敵戦闘機を振り切るスピード、重爆撃機も一瞬で撃墜する火力である。反対に運動性は並み、航続距離も敵地まで飛ぶわけではないので短くても構わないとされた。

陸軍の鍾馗や海軍の雷電もこのような機体だったが、航空機先進国のドイツではさらに上手《うわて》の、極端に要撃に特化した戦闘機が開発されていた。

局地戦闘機〝秋水〟

【SPEC】［全幅］9.5ｍ［全長］6.05ｍ［最高速度］800km/h［武装］30ｍｍ機銃×2［乗員］1名

それがメッサーシュミットＭｅ163〝コメート（彗星）〟である。

コメートはロケットエンジンの研究で知られるヘルムート・ワルター技師の開発したエンジンを、奇才航空機設計家アレクサンダー・リピッシュ博士の機体に載せた、ロケット戦闘機である。

その特徴は、まさに「要撃任務しかできない」という極端なものだった。

何しろ燃料は8分間しか持たないのだ。

燃料は二液混合型で、ロケットエンジンの燃焼室内で二種類の化学物質Ｃ液とＴ液を混合させる。するとエンジン内部で激しい化学反応が起こり、爆発的に吹き出すガスと水蒸気に押されて機体が前進する、という仕組みである。

吸入した空気に少しずつ燃料を混ぜ、混合気にしてから燃焼するガソリンエンジンと異なり、燃料の消耗が段違いに早かった。たった8分間ではもちろん敵地には行けない。配備された付近の上空を守ることしかできないのだ。

その代わり、その速度は壮絶なまでに凄まじく、最高速度は時速約1000キロメートルに達した。当時、世界最高クラスの高速戦闘機が700キロ台だったことを考えると、三輪車とレーシングバイククらいの速度差があったことになる。

それに加えて、コメートはMK108機関砲という強力な武器を装備していた。重爆撃機を撃墜するのに十分な威力がある機関砲だ。

コメートを初めて目の当たりにしたアメリカ軍の将兵は衝撃を受けた。コメートはまるで護衛のムスタングなど存在しないかのように爆撃機に突進し、攻撃したからだ。一度の戦闘で護衛のムスタングが3機もやられたこともあった。コメートの急降下攻撃はあまりに速く、少しでも接近に気がつくのが遅れると対処のしようがないのだ。

迫る爆撃機の影

昭和18（1943）年、戦局に暗雲が立ち込め始めると、多くの専門家が日本本土が激しい

ドイツが開発したメッサーシュミット Me 163「コメート」

爆撃にさらされる可能性があると指摘した。敵爆撃機に対抗するには高性能の要撃機が必要だが、それを手に入れるのは簡単ではなかった。まともな高高度戦闘機を持たない日本軍にとって、はるか高空を飛ぶ新型爆撃機はとてつもない脅威だった。

その頃、ドイツにいた日本軍の武官のもとに、ドイツ軍が開発し、配備を始めようとしていたコメートの情報が入った。駐在武官は早速、ドイツに要請し、その要撃機を見学させてもらった。コメートを見た武官は、これこそが日本を守る武器だと確信する。その後、日本はドイツとエンジンや機体の設計図、燃料の情報、製造権の購入などについて話し合いを持ち、図面と機密資料が潜水艦で日本に運ばれることになった。

しかし、そこでふたつの問題が発生する。

ひとつは、コメート自体の完成度の低さである。

当時はまだコメートは未完成で、堂々と売り渡せるほどのまとまった資料がなかった。結局、不完全な技術説明書と図面の一部のみを日本に運ぶことになった。

そしてもうひとつの問題が、その資料をどうやって安全に日本まで運ぶのか、ということである。資料はドイツから日本まで潜水艦で運ぶことになったが、その航路には連合国軍の対潜哨戒機や駆逐艦がウヨウヨしていた。発見されれば、爆雷を雨のようにお見舞いされ、貴重な機密書類もろとも海の藻屑と消えることになるだろう。

その不安は的中する。昭和19（1944）年3月、吉川海軍技術中佐を乗せた潜水艦はドイツを出発。5月16日に「爆雷攻撃を受けている」という連絡を最後に消息を絶ってしまった。

だが、念のため二手に分かれて同じ資料を持って出発していた、巌谷海軍技術中佐が乗る潜水艦は、辛くも追っ手の目を逃れて日本占領下のシンガポールに到着。飛行機で航空本部に資料を届けることができたのだった。

陸海共同での開発

日本まで無事運ばれた機密資料だが、その内容は断片的で不完全だった。

これを解析し、空白部分を埋めなければロケット戦闘機を作ることはできない。

訓練用のグライダー「秋草」

このロケット戦闘機開発計画は陸軍と海軍共同のプロジェクトとなり、機体の製造は三菱が請け負うことになった。海軍名「J8M1」、陸軍名「キ200」。通称はどちらも「秋水《しゅうすい》」である。

秋水は細部は異なるものの、基本的にコメートに近いデザインにまとめることとなった。

コメートはリピッシュ博士の無尾翼グライダーがもとになっていた。そこで操縦感覚に慣れさせるために、「秋草《あきぐさ》」という無動力のグライダーを作った。秋草はエンジンを積んでいない以外は、秋水やコメートによく似ており、二式中間練習機で牽引されて飛んだ。動力を積んだときの操縦感覚になれるために、内部には水を入れたタンクを載せていた。

そうして始まった秋水の開発だったが、機体に関してはスムーズに進行した。ロケット機といってもいわばグライダーの製作なので、世界レベルの機体をいくつも作っている日本の技術陣からすればそこまで難易度が高いわけではない。着手からわずか3ヶ月で秋草が、試作機の機体も昭和20年のはじめには完成していた。

問題はワルターロケットエンジン509Aの日本版「特呂2号」である。

陸軍と三菱の共同で開発に当たったが、もともと高度な技術が要求されるうえに、爆撃で工場や研究施設が破壊されたために、完成が大幅に遅れた。昭和20（1945）年6月、ようやく試作エンジンが完成。それを機体に積み込み、秋水の試作1号機が組み上がった。

秋水はコメートを参考にしていたが、完全なコピーではなかった。本来であればコピーした方が完成は早かったはずだが、断片的な情報をもとに開発するなどしたため、外見も装備品の面でも両機は微妙に異なっている。

例えばコメートの機首には発電用の小型風車がついているが、秋水にはない。また、秋水には防弾装備などがないため、コメートよりも300キロ以上軽かった。ただし、特呂2号は509Aに推力が劣るので、最高速度は900キロほどと見込まれていた。

彗星は輝かず

では、日独で配備されようとしていたロケット戦闘機だが、そもそも期待に添えるだけの活躍をしたのだろうか。

結論から言って、先に実戦配備されたコメートの戦果は芳しいものではなかった。

コメートは当時世界最速の戦闘機だったが、その速度ゆえに機関砲弾が目標に命中しないという根本的な問題を抱えていた。コメートで敵爆撃機に突撃した場合、目標が機関砲の有効射程に入ってから、数秒後には回避運動を始めないと目標に追突する危険があった。つまり射撃のチャンスは、そのわずか数秒。その短時間で砲弾を命中させるのは至難の業だった。

コメートは離陸時に投棄式の台車を使ったが、着陸は機体に付いたソリで行った。そのため、着陸が非常に難しかったが、二液混合燃料は爆発しやすく、着陸に失敗すれば機体が吹き飛ぶおそれがあった。また、燃料のT液には人体を溶解させる作用があり、着陸に失敗し、タンクを破損させたために体が溶けて死んだパイロットもいた。そのため、コメートのパイロットや地上整備員は防護服を着る必要があり、有毒ガス発生に備えて低空でも酸素マスクの装着が必須だった。そうした危険と引き換えの出撃だったが、燃料が切れればただのグライダー。連合国軍の戦闘機の格好の的になった。

最大の弱点はその航続距離の短さだった。コメートは脅威だが、出撃できる範囲はたかが知れている。連合国軍はコメートが配備された基地を迂回すれば、戦わずして脅威を排除できることに気づく。

テスト機に乗り込む犬塚大尉

ドイツのコメートは、結局、燃料の生産が追い付かず、稼働状態にあった機体は少なかったという。安全面での問題も解決できず、撃墜した敵機の数より事故で失われた自機の方が多く、兵器としては完全な失敗作だった。

さて、それでは秋水の方はどうなっただろうか。秋水（海軍型J8M1）のテストは昭和20年7月に行われた。

テストパイロットを務めたのは、海軍の犬塚豊彦大尉である。

大尉が操縦する秋水1号機は滑走用台車の投棄に成功し、順調に上昇し始めた。

だが、高度400メートルにさしかかったところで突如エンジンが停止。大尉は燃料を投棄しつつ、滑空して着陸する体制に入ったが、運の悪いことに旋回中に主翼が建物に引っかかり墜落。大尉は重傷

離陸直前の秋水。この後、悲劇に見舞われる。

を負い、翌朝死亡した。

エンジン停止の原因ははっきりしなかったが、どうやら半分だけ満たした燃料が、機体が上昇に入った際にタンク内を移動し、燃料供給ラインに異常が起きて自動的に燃料が閉鎖されたのが原因らしかった。地上の固定された台上での燃焼実験ではうまく作動したが、空中で三次元的な運動をした際には何が起こるかわからない。結局、燃料系統の改良が終わるまで、残りの試作機も飛行禁止になった。

改良作業が続く昭和20年8月15日、仕事に励む作業員たちは終戦を告げる玉音放送を聞くことになる。陸軍型キ200は滑空試験が行われただけで、エンジンに火が入ることすらなかった。

秋水は日本防空の要となることが期待され、わずか1年で初飛行までこぎつけた。しかし、たとえ完成していても、ドイツでの戦果を見る限り期待に応えられたかは疑問が残る。その点でも虚しい機体だった。

【コラム1】

幻の日本軍飛行船隊

飛行船とは

航空機は主に、空気より軽いか重いかで軽航空機と重航空機に分類される。重航空機にはいわゆる飛行機が入る。機体自体は空気より重いが、滑走して主翼に気流を流すことで揚力を発生させ、空中に浮き上がるのだ。

一方、空気より軽い軽航空機に入るのが、気球や飛行船である。これらは気嚢の中に大気より軽いヘリウムガスや水素ガス（熱気球の場合は比重の軽い熱い空気）を詰めて、船体を浮かせる。

気球や飛行船が飛行機より有利な点は、機体を浮かべておくのにエネルギーが不要な点と、滑走路が不要で垂直離着陸できる点だ。飛行機の離着陸では小型機の発着にも数百メートルの

ブラジル出身の飛行家、サントス＝デュモンが開発した初期の飛行船（1901）

滑走路を準備しなければならないが、飛行船なら滑走路は不要である（ただし風に煽られることも考慮しなければならないため、発着場はかなりひらけた場所に作る必要がある）。

まだ飛行機の性能が低かった20世紀初頭、大型航空機の中心は飛行船になると考えられていた。当時の技術力では現代の旅客機のような大型の飛行機は作れなかったのだ。

飛行船も発明された頃は、単純に浮揚ガスを詰めた気嚢にプロペラとエンジンを載せたゴンドラをぶら下げただけのもので、大空を自由に航行できるようなものではなかった。大気は上空に行くほど気圧が下がるので、そのまま浮上していってしまうと気嚢内部のガス圧に対して外部の気圧が下がり、気嚢が膨張して破裂、墜落してしまう。

かといって上空でガスを抜いて調整すると、高度を下げた時に気嚢内のガス圧が外部の気圧に対して弱くなり、気嚢が潰れて航行できなくなってしまう。

これを防ぐ発明が、ガス気嚢の内部の前後に設置された空気房（バロネット）である。

空気房には空気が満タンに詰められており、気嚢が膨らみすぎた場合はガスの代わりに空気房の空気を抜いて調整し、気嚢がしぼみすぎの時はポンプで空気房に空気を入れると気嚢を膨らませることができる。

その後、飛行船は船体の構造に工夫を凝らし、大きくわけてふたつの種類に進化していった。ひとつは軟式飛行船と呼ばれるタイプで、文字通り柔らかい気嚢をガス圧で膨らませ、直接ゴンドラを吊り下げる。このタイプは構造が簡単なため、小型船を作るのに向いている。

もうひとつは硬式飛行船。こちらは木材や軽金属の骨組みを布で覆い、内部にいくつもの気嚢を並べたものである。硬式飛行船は大型船を作るのに向いており、有名なツェッペリン飛行船の中には全長２４５メートルのものもあった。変わったところでは気嚢自体を金属の板で作った全金属製飛行船というものもあった。アメリカ軍が試作したＺＭＣ‐２が代表的な例だ。全金属製飛行船は、浮揚ガスの分子が透過しにくい反面、内部に浮揚ガスを充填するのがかなり面倒だったという。

そうして進化を続けていた飛行船は、第一次世界大戦で初めて戦略爆撃に使われる。

マンハッタン上空を飛行する「メイコン」。全長は約240ｍもあった。

ドイツのツェッペリン飛行船が、ロンドンへの空爆を行ったのだ。

ツェッペリン飛行船は人の身の丈ほどもある３００キロ爆弾から弾着の衝撃で燃焼開始する焼夷弾まで、当時の華奢な小型飛行機では搭載不可能な大量の兵器を目標にばらまくことができた。大戦前半の時点ではイギリス側にはこの怪物に対抗する手段はなく、飛行船がロンドン上空に現れるとパニックになったロンドン市民が一斉に地下鉄構内へ避難したという。飛行船はまた、長期間空中にとどまれるという特徴を生かし、偵察や哨戒にも活用された。

飛行機が発達し性能が上がってくると、巨大で鈍重、しかも脆弱な飛行船は撃墜されることも多くなり、戦闘の第一線では使われなくなってくる。

戦間期にはアメリカで空中空母として「アクロン」「メイコン」という２隻の巨大飛行船が作られた。

これは偵察に使うスパローホーク戦闘機を5機、空中収容することが可能だった。しかし、悪天候に弱く、2隻とも墜落して失われている。第二次大戦時には、アメリカ軍は対潜哨戒に中型飛行船を多用している。

飛行船と日本軍

日本軍が飛行兵器を取得しようとしたのは、明治維新の直後、陸軍の初歩的な気球実験が初めてである。

その後、西南戦争で西郷軍に田原坂《たばるざか》を押さえられ、熊本城との連絡が取れなくなると、連絡と偵察用に気球を打ち上げる計画が持ち上がる。結局、政府軍が優勢になったため気球は使われなかったが、開発自体は成功しており、日本軍初の飛行兵器となった。

もっとも、これ以降はしばらく気球は忘れ去られ、再び戦力化が検討されたのは明治の半ばになってから。欧米の影響などもあり、日本軍は気球を偵察用や戦艦の着弾観測用に使用するようになった。そんな中、明治42（1909）年には、日本初の本格的な航空機研究機関「臨時軍用気球研究会」が発足。やがて飛行船の国産化の機運が高まってくる。

まず軍ではなく民間の発明家が、飛行船の製造に成功。開発したのは山田猪三郎という発明家で、もともとは気球の研究家だった。山田は自身の名前を冠した山田式飛行船をつくり、飛行を成功させている。

時を同じくして、軍も軟式飛行船の取得を模索し始めた。

雄飛号

軍用飛行船としては陸軍が明治44年に「イ式飛行船」を完成させたのが最初である。

イ式飛行船は飛行自体は成功したものの、運動性が悪く、信頼性にも欠けて実用に耐えるような完成度ではなかった。そのため、軍はドイツのパルセバール飛行船を購入、大正元（1912）年から試験飛行を行った。ちなみに、当時の日本軍では飛行船のことを航空船と呼んでいた。

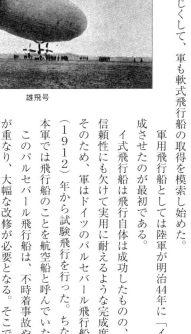

このパルセバール飛行船は、不時着事故や気嚢の劣化などが重なり、大幅な改修が必要となる。そこで気嚢を新型のものに交換するなど手を加え、航空船「雄飛号」と新たに命名した。

雄飛号は陸軍の飛行船として長距離飛行や夜間飛行の試験を次々とパスしていった。しかし、運用の手間とコストが問題視され、本当に必要かどうか、入念に検討された結果、陸軍としてはこれ以上、飛行船の研究は行わないことになった。雄飛号は日本陸軍最後の飛行船となってしまったのだ。

海軍は、陸軍の飛行船研究を静観していたが、欧州で飛行船が対潜哨戒に使われていることを知ると、飛行船の研究に着手する。大正7（1918）年のことである。

もともとイギリス海軍の影響を受けていた日本海軍は、飛行船もイギリスのものを採用することに決める。そして、イギリス留学中の日本海軍士官をイギリス軍の航空機搭乗員訓練所に入学させて訓練を受けさせると、ついでイギリス製の対潜哨戒飛行船SS飛行船を購入。これを第一航空船と命名し、乗員の訓練と運用試験を始めた。しかし、第一航空船はほんのわずかの飛行試験をしただけで、大正11（1922）年7月、格納庫の火災に伴い爆発炎上してしまう。

海軍は第一航空船と並行して、第二航空船も運用していた。購入は大正10年で、こちらはフランス製だった。日本軍はイギリスとフランスから飛行機を買っており、フランス製を購入するのも自然なことであった。

第二航空船は、当時所沢にあった飛行船格納庫を基地として訓練にあたった。第一航空船よりも大きく、武装の搭載力には勝っていたが、その巨体のせいで運動性能が悪すぎたらしく、あまりいい評価は受けなかったようである。

大正12年には、第一次大戦の敗戦国・ドイツから、日本に戦利品として大型の飛行船格納庫

海軍の十五式飛行船の5号と9号

が譲渡された。それをもとに霞ケ浦に巨大な飛行船基地が建造される。この基地には、のちにグラーフ・ツェッペリン号が世界一周旅行の際に寄港している。

次に取得された第三航空船は、第一航空船（SS飛行船）を国産化したものだった。第三航空船は小型飛行船としては性能は悪くなかったが、改良型の新第三航空船が空中で爆発し、乗員が全員死亡するという事故を起こす。

次の第四航空船は第三航空船をさらに改良したもので、これは安定した性能で6年2ヶ月も在籍した。

昭和3（1928）年に入ると、飛行機と空母からなる航空戦隊が発足し、航空船隊と紛らわしいので、航空船は民間と同じく飛行船と改称される。

次の第五飛行船はさらに改良を進めたもので、「十五式飛行船」として計3隻製造された。これとは別にイタリアからも飛行船を購入し、エヌ三航空

エヌ三航空船

船（これは一部分が骨組みで支えられている半硬式飛行船であった）として試験していたが、こちらは事故で喪失。このエヌ三航空船を国産化したのが三式飛行船である。

この三式飛行船は50時間連続飛行に挑戦し、見事に成功。船内には燃料のほか、酒や食料が積み込まれており、記録達成のときには上空でエンジンを止めて酒盛りをしたそうである。50時間連続飛行した上に酒盛りができるというのは、何もしなくても空中に浮いていられる飛行船ならではであろう。

明治終わりから昭和初期の新聞を見ると、飛行船の記事が時折掲載されている。

大正5（1916）年1月16日の読売新聞には「月明の空を縫《ぬ》ふて」「満天の月光裡《げっこうり》に雄飛号の快翔」と、陸軍雄飛号の夜間飛行の記事が載っているし、大正13年3月20日にはＳＳ航空船が墜落したニュースが大きく報道されている。

飛行船は当時の人にとっても珍しいもので、見学が許された際には多くの人が押し寄せた。

大正2年2月2日の読売新聞には、所沢飛行場から代々木に訓練飛行にくる飛行船の一般

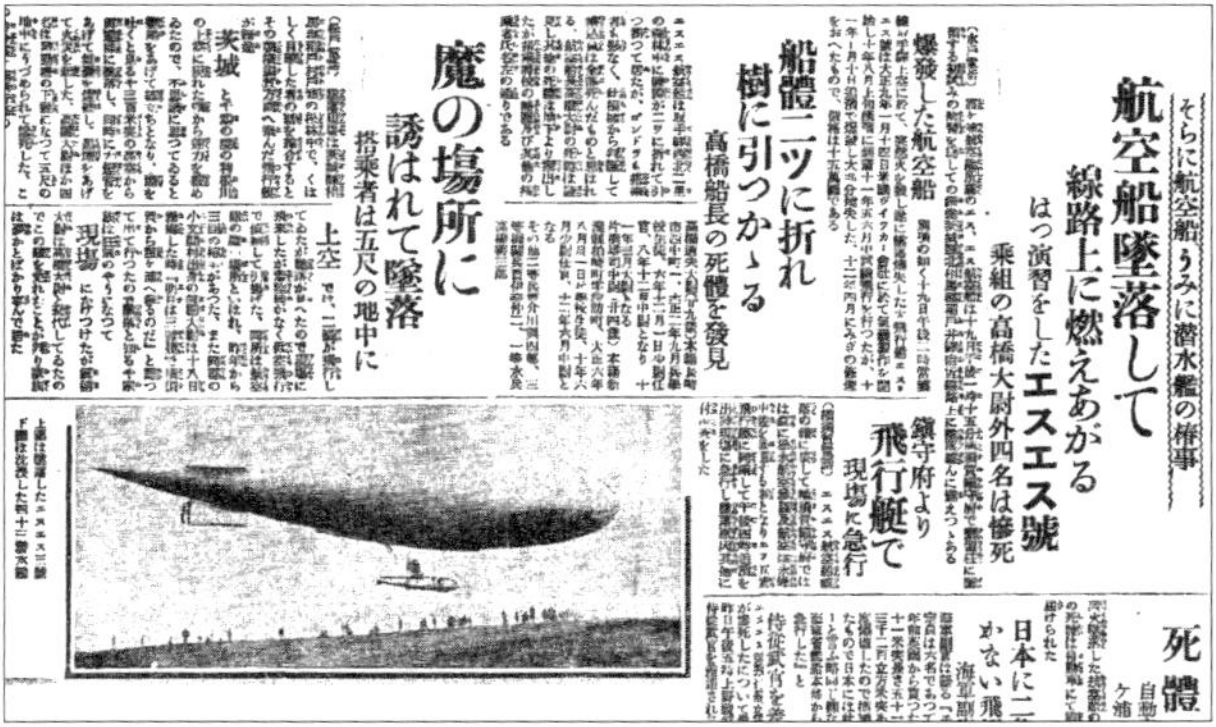

そらに航空船うみに潜水艦の椿事

航空船墜落して

線路上に燃えあがる

はつ演習をしたエスエス號

乗組の高橋大尉外四名は慘死

爆發した航空船

船體二ツに折れ

樹に引つかゝる

高橋船長の死體を發見

魔の場所に

誘はれて墜落

搭乘者は五尺の地中に

鎮守府より

飛行艇で

現場に急行

死體

SS号の事故を伝える当時の新聞

見学が許された際の記事が載っている。その中では「参観者の心得」として、「飛行船には火を呼びやすき水素ガス塡充しあれば、右飛行船の周囲200メートル以内にて喫煙等をなすことを堅く禁ずる」といった注意書きまで掲載されている。

実戦で活躍したことのない飛行船部隊にとって、最も華やかな舞台は航空祭、すなわち航空ページェントだろう。

航空ページェントには陸海軍、民間の飛行機、飛行船などが参加し、模擬空戦や曲芸飛行を展示する。東京は代々木練兵場（現在の代々木公園付近）で行われた、帝国飛行協会と国民新聞社主催の航空ページェントには第2回と第3回に飛行船が参加し（第1回の時には故障で参加できなかったようである）、飛行船からの落下傘降下を披露して数万の観衆からは万雷の拍手が沸き起こったという。

しかし、結局海軍でも飛行船は兵器としては価値がないと判定されてしまい、飛行船隊は段階的に縮小され、ついに廃止されてしまう。アメリカのアクロン、メイコンのような巨大空中空母を建造する案もあったようだが、実現することはなかった。仮に巨大空中空母をつくったところで、毎年台風が直撃する日本では事故を起こしていた可能性が大きい。

大空を優雅に航行する飛行船には、飛行機のようにエンジンを回して前進していないと落ちてしまうような忙しい乗り物とは違うロマンがある。

しかし、そのロマンを支えるためのコストと手間は膨大で、巨大で脆弱な船体は突風にさらされただけで破損の危険がある。ましてロマンなど不要の戦争においては、飛行機の発達とともに歴史の彼方に追いやられてしまうのは、残念ながら必定と言えるのである。

【コラム2】知られざる横浜の飛行艇乗り場

日本における民間航空の誕生

日本で民間航空の普及が本格化したのは大正8（1919）年、東京〜大阪間郵便飛行競技会を開催して郵便飛行を促進したのがきっかけとされている。

厳密にいうなら明治44（1911）年、アメリカ人飛行士アットウォーターが東京〜横浜間で郵便を運んだが、これは見世物に近い興行だった。

その後は水上機を使用して、東京〜浜松〜大阪などを結ぶ郵便飛行が開始された。関東大震災が起きた際は麻痺した通信の代わりに記者の輸送を行っている。昭和2、3年頃には旅客を運ぶ路線も開業、東京〜大阪間はもちろん、当時は日本国内だった朝鮮への便も出ていた。

昭和13（1938）年、世界レベルの大航空会社を作るため、国策として日本航空輸送株式

昭和初期のパラオ・コロール市街。南洋群島の統治機関である南洋庁が置かれた。

会社と国際航空株式会社を合併させ、大日本航空株式会社が設立される。

当時の日本は第一次大戦の戦勝国だったこともあり（主戦場が欧州だったために言及されることが少ないが、日本はアジアのドイツ植民地を攻撃している）、南洋のサイパン、パラオが日本の委任統治領となっていた。しかし、当時はパラオまで汽船で12日もかかり、統治するには人員や旅客の輸送に手間がかかった。

そこで、新たに横浜〜パラオ間で航空路線を開拓することとなる。

当時は今のように高性能の旅客機があるわけではなく、整備された空港もなかった。そのため、大型の軍用飛行艇を民間用に改造し、これを使って横浜港からパラオまで飛行便を飛ばすことにした。

ちなみにこの路線は、太平洋戦争がなければパラ

九七式飛行艇

オから台湾まで延長される予定だったようだ。

世界最高レベルの飛行艇

使用される飛行艇は海軍用に開発された川西製の九七式飛行艇（九試大艇）で、内部に客室や貨物室を設け、防音や暖房などを完備するように改造した。

この旅客機型飛行艇は、軍用の九七式飛行艇とは区別して「川西式四発飛行艇」と呼ばれた。当時の新聞でももっぱら川西式四発飛行艇と呼ばれている。

九七式飛行艇は当時としては世界最高の飛行艇のひとつで、その性能は折り紙つきだった。

納入された機体にはそれぞれ「綾波」「磯波」「朝汐」「叢雲」「白雲」など、波や雲にちなんだ名前がつけられた。

この飛行艇を使えば、それまで汽船で12日もか

昭和19年に撮影された横浜水上飛行場。格納庫があるのがわかる。

かっていたものが、飛行時間で17時間、実際の行程でも2日でパラオに到着するというのだから桁違いの時間短縮となる。

横浜に誕生した空港

だが、もちろん飛行機だけあっても仕方がない。当初は横浜水上飛行場、阪神水上飛行場の2ヶ所分の予算が要求されていたが、横浜の分しか認められず、やむなく横浜水上飛行場開設に注力することになる。初期には東京湾内、羽田空港に併設する案や砂町に建設する案もあったが、羽田空港自体が浚《しゅん》渫《せつ》（海底の土砂の掘り出し工事のこと）に難工事が予想され、横浜市の熱心な誘致活動もあったことから、横浜の根岸海岸に南洋行き飛行艇の飛行場が作られた。

横浜〜パラオの航路には二式飛行艇の晴空も就航。囲み写真は晴空の客席。

料金は横浜〜サイパン間で２３５円、サイパン〜パラオ間で１４０円。当時の新卒者の初任給が40〜90円くらいだったことを考えると、かなりの高額切符ということになる。乗客が17人前後に対してサービス・ボーイを含む乗務員が８人も乗り組んでいたので、当時としてはかなり贅沢な旅だった。

海軍の飛行艇部隊と近いこともあり、根岸の飛行場では軍関係の輸送も行っていた。民間人である大日本航空の人員も軍の訓練に参加したが、威張っていてすぐ怒鳴り、小言ばかり言う海軍の士官とはソリが合わなかったようである。一方で南洋向け飛行艇の乗組員といえば地元根岸の子供たちからすれば憧れのヒーローで、大変な人気があった。

昭和16（１９４１）年に太平洋戦争が勃発すると、根岸の飛行場は完全に横須賀鎮守府の麾下《きか》（指揮下）に入ることになり、以降、完全に軍属として終

現在の横浜水上空港跡地

戦まで働くこととなる。

　終戦間際の昭和19（1944）年からは、当時日本の大型飛行艇の最高傑作と言われた二式飛行艇の民間機型「晴空《せいくう》」が就航したが、すぐに終戦を迎えたため、あまり活躍できなかった。

　大日本航空は、戦後、GHQの占領政策の一環で解体され、飛空艇もすべて廃棄処分となった。

　昭和26（1951）年10月、日本の民間航空が復活したが、すでに陸上の飛行場に発着する旅客機が主流となっており、大型飛行艇を使った路線が復活することはなかった。

　現在の根岸海岸は埋め立てが進み、石油コンビナートとなっている。付近に空港の面影はなく、根岸の飛行場がかつて存在したことを示す案内看板が設置されているのみである。

【コラム3】
日本軍と航空隊の糧食

明治維新後、それまで武士の仕事だった戦争は、大日本帝国陸海軍によって行われることとなる。近代的な軍事組織になって変わったことのひとつが兵士が食べる糧食である。

軍隊というものは当然ながら肉体労働であるため、栄養価の高い食事が求められる。そのうえ、軍隊は大所帯でもあるので大量の食事を用意する必要がある。そのため、軍隊、特に前線に進出した部隊が持つ食料は、高カロリーで栄養豊富、その上輸送が簡単で保存性抜群でなければならなかった。

戦国時代に重宝されたのが糒《ほしいい》という米の加工品である。

これは蒸した米を干してカラカラに乾燥させたもので、そのまま食べたりもしたが、お湯に入れて戻せば湯漬けの飯として食べることができた。また、里芋の茎を味噌で煮しめたものを荷縄として使い、万が一の際は茹でて味噌汁にするなど、非常食も工夫されていた。米は小麦に対して高カロリーでエネルギー源として優れており、味噌はたんぱく質と塩分の補給ができる。パンやビールで栄養補給していた同時代の西洋の糧食より、戦国時代の糧食の方がエネルギーという面では優れていた。

明治維新後、西洋の軍隊に範をとった日本軍は、西洋の栄養学に基づいた糧食と日本の米食文化を融合させようと試みる。そのひとつがカレーである。カレーは植民地インドのスパイス料理の栄養価と美味しさに目をつけたイギリス海軍が糧食として採用したもので、英国海軍を参考にした日本海軍が取り入れたのである。カレーを食べる文化は現在の海上自衛隊にも受け継がれており、艦艇や基地ごとに自慢のカレーのレシピがあるという。

大日本帝国陸軍の歩兵の糧食

さて、軍隊といっても常に前線で野営しているわけではない。後方での通常時には炊いた米に、おかずと汁で一食をとっていた（ただし脚気の原因がビタミンの不足にあると判明してからは麦飯になった）。ご飯のほか、魚のフライ、肉うどん、味噌汁、たくあんなどが毎食一品二品ついたようである。メニューは案外豊富だった。

しかし前線においては「米を炊く」という作業はやはり手間となるし、炊いた米は一気に保存性が悪くなる。暑い地方では1日持たずに腐るし、寒い地方では凍ってしまう。後方で一度に炊いて前線に輸送するということができないのである。

この問題を解決する方法はふた通りあった。

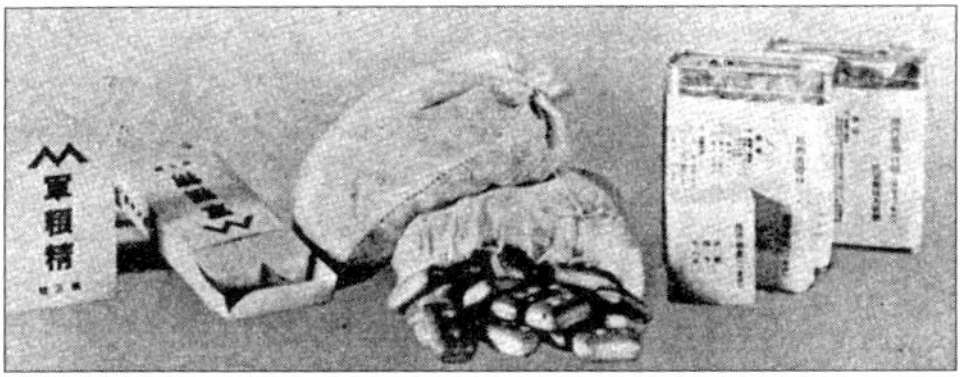

陸軍で喫食されていた乾パン（中）などの糧食

ひとつは飯盒《はんごう》を使い、数人の分隊レベルで食べる直前に飯を炊く方法。もうひとつは飯以外の保存のきく糧食を携帯しておく方法である。飯盒を使った飯盒炊爨《すいさん》は学校の野外活動授業の一環でやったことのある人も多いだろう。うまく炊き上げるのはなかなか難しいものである。

そこで携帯用の主食として陸軍で開発されたのが乾パンである。

乾パンは西洋の船乗りなどが使う保存用の二度焼きのパン、すなわちビスケットを元に開発された、いわば日本版の軍用ビスケットである。味が薄く飽きにくい半面、味気なくて食べにくいので金平糖を付属させて味に変化をつけてある。この金平糖を付属させるスタイルは現在の陸上自衛隊にも受け継がれている。ちなみに日本軍の乾パン食は当時日本の統治下にあった韓国にも影響し、独立後発足した韓国軍でも乾パンが食べられているという。

また圧搾口糧と呼ばれるポン菓子に似たシリアルや現在のインスタ

ント味噌汁に当たる粉味噌、各種缶詰、現在のマリモ羊羹と同じゴムで封入したゴム玉羊羹などの甘味も食べられていた。飲み物として現在のインスタント甘酒に似た携帯甘酒も用意されていた。

航空隊員たちの糧食は？

では、空を主戦場とする陸海の航空隊員たちは、どのようなものを食べていたのだろうか。陸海の航空隊は、陸軍の歩兵などと違い、進出した先で野営をすることはあまりない。出撃しても基地や空母に帰ってくるものなので、基本的に基地や空母で出されたものを食べるだけである。戦闘時に配食されるメニューは握り飯とおかずの組み合わせが多かったようだ。ただし、飛行が長時間にわたる場合は、機内で食べる弁当が支給された。

そのメニューは巻き寿司や稲荷寿司、サンドイッチなど。操縦桿を握りながら片手で食べられるように、サンドイッチも巻き寿司のようにパンで具を巻いた状態になっており、乾燥を防ぐパラフィンの包装紙に包んで支給されていた。巻き寿司は通常のものを弁当箱に詰めたほか、細巻きを切らずに携行し、喫食時にはそのままかぶりついていた。

また上空で温かいものを飲めるよう、航空魔法瓶なるものも作られた。南方ではサイダーが

片手で飲めた航空魔法瓶

不時着用非常食

人気で、零戦を操縦しながら瓶からラッパ飲みしていたようである。おやつとしてバナナもよく食べられていた。全般に戦時中としてはご馳走の部類に入るものを食べていたようだ。

航空機の搭乗員は、肉体労働と頭脳労働を同時にせねばならない過酷な仕事である。加えていつ死んでもおかしくない立場にもある。そうした点が考慮されてのことだろう。「不時着用非常食」という携帯用保存食の詰め合わせも準備されており、手元の資料では判然としないが、缶詰や餅などの食料のほか、マッチなどが入れてあったようだ。また「航空元気酒」という栄養ドリンクも支給されていた。中身は酒と生薬で、現在の養命酒のようなものだと思われる。

日本軍といえば「飢餓と餓死」というイメージがつきまとうが、糧食の研究自体はよく行っていた。問題はそのせっかくの糧食を兵のもとに届ける「兵站《へいたん》」に極めて欠陥があったことである。海上輸送路をアメリカ軍に断たれてしまったし、中国大陸は広大すぎてそもそも現地まで運べなくなったという問題もあった。そもそも日中戦争、太平洋戦争は日本の国力を大きく逸脱した戦争であったため、物資の準備、輸送が物理的に不可能になったことも大きい。

兵站と一言で言っても、食料と弾薬だけではなく、現地の気候に合わせた服装や医薬品、雑多な生活用品、スコップからツルハシ、ブルドーザーのような建設機材、燃料、それらを輸送するトラックや船、さらにそれらを動かす燃料や人員もいる。物資を入れる箱ももちろん必要だ。数万人の戦闘や生活に必要な物資を送り出すとなると、品目が書かれた書類と格闘しながら適切な場所に適切なタイミングで物資を送り届けなければならない。これに失敗すると前線では物資が欠乏しているのに、港には物資が山積みという悪夢に陥ってしまう。これは高度に専門的な知識が必要で、専門の将校が指揮をとるのが普通である。

日本軍も少なくともエリート将校は兵站の重要性を理解していたが、一方で悪名高いインパール作戦のように、現実的な輸送力のなさを精神力という言葉でごまかして無謀な作戦を強行し、破滅することもあった。兵站を断たれた南方の部隊の多くは餓死者が出るほどの飢餓状態に置かれ、弾丸もなく、もはや戦闘どころではなかった。

ちなみにアメリカ軍はその餓えた日本兵の上に、豪華な寿司の画像が印刷されたチラシを撒いて降伏を勧告したそうである。

【第二部】

日本海軍の戦闘機

局地戦闘機〝紫電改〟

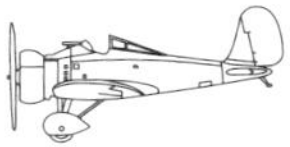

【最も美しき翼よ、世界の背中に追いつけ】九試単座戦闘機

苦闘の七試艦戦

イギリス、フランスに学びながら成長し、国産の戦闘機をようやく作れるようになった日本だが、その性能はまだ世界標準に達していなかった。

特に空母で運用することが前提の海軍機の場合、ただ単によく飛べばいい、というものではない。機体は艦内の格納庫に収まるようにコンパクトにする一方で、長い航続距離を確保せねばならず、万が一、海に不時着水してもパイロットが脱出できるようにある程度の浮力も必要だった。それに加えて、まだ小型だった当時の空母から飛び立て、また、問題なく着艦できる性能も求められた。

九試単座戦闘機

【SPEC】［全幅］11ｍ［全長］7.58ｍ［最高速度］450km/h［武装］7.7mm機銃×2［乗員］1名

当時の戦闘機乗りは格闘戦至上主義で、旋回性能が高い戦闘機が強いと信じる者が多かった。

後に戦争が始まって、アメリカが続々と繰り出してくる高速機がこぞって「ヒット&ラン」戦法を使い格闘戦をやらなくなってくると、この考え方は一気に古臭いものになってしまうのだが、当時は日本だけでなく海外でも格闘戦至上主義に凝り固まる戦闘機乗りは多かった。より洗練され、高速化が期待できる単葉機ではなく、あえて旋回性能が高い旧来の複葉機を要望する戦闘機乗りもいた。しかし一方で、高速化もまた避けて通れない難題だった。

昭和7（1932）年、海軍の新型戦闘機「七試艦戦」の性能に対する要求は、海外の模倣を抜け出した、これまでにない高度なものだった。

この七試の試作に指名されたのが当時すでに日本の代表的な戦闘機メーカーだった中島と三菱だった。

堀越二郎

七試に対する両者の態度は大きく異なっていた。

中島は何よりも順当に完成させることを重視し、九一式戦闘機を改良し、当時としては平凡な高翼パラソル型の機体を完成させる。

中島の七試は冒険的な設計をしなかったが故に比較的順調に完成するが、出来上がった飛行機は海軍が求める「次世代の飛行機」ではなく、採用されなかった。

一方、当時なかなか戦闘機の仕事が取れず（仕事としてもメンツの上でも）困っていた三菱は、この日のためとばかりに、留学までさせて育ててきた若手を投入する。のちに名機「零戦」を設計することになる堀越二郎、当時29歳だった。

プレッシャーの中、若い堀越技師は思いつく限りのアイデアを振り絞った。速度と運動性を狙える低翼単葉の機体、軽く丈夫なジュラルミンセミモノコックの胴体などである。

しかし、盛り込んだアイデアは新しかったが、全体としては性能は伸び悩む。外見もひどく不恰好で、「百姓婆さんが初めて洋装して、ハイヒールを履いたようなぎこちない出来栄え」などと酷評された。

堀越二郎が開発した三菱七試艦戦

性能も旧式機の改良型に過ぎない中島七試と大差ないという結果に終わってしまい、結局双方とも不採用となった。

この辺りのエピソードはアニメ映画『風立ちぬ』で描かれているのでご存知の方もいるかもしれない。堀越二郎をモデルにした主人公が作中で奮闘して開発するも、結局、墜落事故を起こしてしまった機体がこの三菱の七試である。

復活のチャンス！ 九試単戦

不恰好で性能も低く、墜落事故まで起こしてしまうという結果に、堀越は落ち込んだ。だが、海軍としては、帝国主義全盛の時代にあって軍事技術の更新の失敗を安閑として見ている場合ではない。

とりあえずは既存機体の改良型である中島の九五式艦上戦闘機を採用することになる。

だが、これは低速の複葉機であり、欧米で開発が始まって

七試艦戦の代わりに採用された中島の九五式艦上戦闘機

いた全金属製、単葉片持ち式主翼、引き込み脚の最新鋭戦闘機に比べるとすでに旧式機であった。

海軍は戦闘機開発の最新トレンドに鑑み、とにかく速度と上昇力を重視し、あれこれ要求を盛り込むのをやめた。なんでもやろうとすると結局、三菱七試のように中途半端な機体になってしまうからだ。

そのため、海軍機でありながら空母への着艦能力を考慮しなくても良いものとされ、九試艦戦（艦上戦闘機）ではなく、九試単戦（単座戦闘機）と呼ばれた。

山本五十六少将（当時）は、「空母のために艦載機があるのではなく、艦載機のために空母が存在するのである。空母の方を艦載機の性能に合わせてやるから思い切ってやれ」という大胆だが合理的な方針を示し、後に翔鶴のような高性能の空母が建造されることになる。

エンジンテストを受ける九試単戦

九試単戦の速度要求は、高度３０００メートル付近で１９０ノット（時速約３５２キロ）以上出ること、６分30秒以内に高度５０００メートルまで上昇できることなどであった。

三菱では七試の失敗の教訓を生かすため、再び堀越二郎を主務とし、七試に部分的に盛り込みながら失敗した構造をより洗練させて改めて使うことにした。

すなわち機体は全金属製で、できるだけ軽くするものとし、翼は薄く、極力流線型にして突出部分をなくして空気抵抗を減らし、気流が滑らかに流れるように努める。そのため、金属の外板を止める鋲に、頭が丸く突出している普通の鋲ではなく、先端が平らで凹みに収まるように埋め込まれる「沈頭鋲」を採用した。なお、沈頭鋲打ちは高度な技術が必要で職人が慣れるまで均一に打てず、実機を作る製作部も苦労したようである。

欧米では着陸脚に引き込み脚を採用する動きが始まっていたが、構造を簡略化するためにあえて固定式の着陸脚とし、整流カバーで覆うこととした。主翼は前方視界が広がる逆ガル翼（翼がくの字に曲がっており、途中から斜め上向きになっている翼）を採用した試作機と、通常の翼を持つ試作機の両方を作ってテストすることとした。

肝心のエンジンは、検討の末（色々しがらみがあったと思われるが）、機体とのマッチングと性能を最重要視し、あえてライバルである中島製の寿エンジンを採用した。

世界に追いついた翼

三菱の九試第一号機が完成したのは、昭和10（1935）年1月だった。

この1号機を社内でテストしてみた三菱の開発陣は、その驚くべき性能に自分たちでびっくりしたという。三菱九試の速度は要求の190ノット以上に対して243ノット（約時速450キロ）を記録した。海軍の要求よりも時速にして約100キロも速かったのだ。上昇力も5000メートルまで6分30秒以内に対して5分54秒と、圧倒的に上回っていた。これは隅々まで気を配った洗練された機体設計の賜物だった。

逆ガル翼が特徴的な九試単戦

この高性能に海軍も大満足だったが、ここからが長かった。

三菱九試には着陸時に降下する際の角度が浅すぎ、まず超低空飛行で滑走路に進入しなければ着陸できない。また着陸の瞬間に機体が浮き上がりやすく、空母に着艦する際に飛行甲板を飛び越してしまう危険があった。それに加えて、エンジンが今ひとつ不安定など、地味だが厄介な問題があった。

九試単戦はあくまで実用戦闘機の試作機であって、上空で速く華麗に飛べればいいという一点もののレーサー、アクロバット機ではない。まずは高性能の機は作ったものの、これから実用、量産が可能な機体に整えて行かなければならないのだ。この作業に実に2年がかかり、この三菱の九試が「九六式艦上戦闘機」として配備されたのは昭和12年のことだった。

ちなみに、つなぎであるはずの中島九五式艦戦の採用も遅れており昭和11年となったため、九五式が主力艦上戦闘機だった時期は1年にも満たないという、寿命の短い戦闘機となってしまった。

九六艦戦は、同時代の先進国の最新鋭戦闘機、例えばイギリスのスピットファイアやドイツのBf109などが引き込み脚、密閉式風防を備える中、開放式コックピットに固定式着陸脚装備と、決して世界最新鋭というわけではなかった。

しかし、現状配備されている世界の機体の中では十分に戦える性能を持っていた。特に二線級の機体しか持っていなかった中国軍相手の戦いでは、圧倒的な強さを見せることになる。詳しくは九六艦戦の項目に譲るとしよう。

九試単戦は九六艦戦となり、そのセンスをさらに引き継いで零戦となる。九試単戦はそれまでの日本の飛行機とは一線を画した新時代の機体であり、日本の航空機開発の歴史において、欠くことのできない重要な機体であった。

堀越技師自身も自らの会心の作は零戦ではなく九六艦戦だと語り、大の飛行機マニアで知られるアニメ監督の宮崎駿も、日本機の中で九試単戦の飛ぶ姿がもっとも美しいと原作版の漫画「風立ちぬ」に書いている。

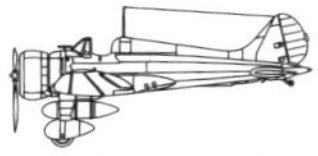

【日本の歴史を変えた機体】九六式艦上戦闘機

新時代の兵器「艦上戦闘機」

第一次大戦において、飛行機は初めて本格的に兵器として使われ始めた。

はじめは偵察が主な任務だったが、やがて手投げ式の爆弾を落とす初期の爆撃機が現れ、それらの活動を妨害するために飛行機を攻撃する戦闘機が発達する（厳密に言えば初期は偵察機と戦闘機の区別が曖昧で、武装した偵察機のようなものだった）。

初期の代表的な戦闘機であるドイツ軍のフォッカー・アインデッカーは、現代から見ればいかにも古式ゆかしいクラシックプレーンで、機銃のプロペラ同調装置を装備しているという以外は取り立てて優れた飛行機ではなかった。だが、兵器として見た場合、その威力は凄まじく、

九六式艦上戦闘機

【SPEC】［全幅］11ｍ［全長］7.565ｍ［最高速度］432km/h［武装］7.7mm 機銃×2、30kg 爆弾×2［乗員］1名（※以上は四号のもの）

あまりの強さに「フォッカーの懲罰」と呼ばれ、敵を震え上がらせた。

　その後、各国は相手の上を行こうと新型戦闘機を次々と繰り出し、飛行機は飛躍的に発展した。そして、第一次大戦前には空に浮くだけで拍手喝采を受けていた飛行機が、大戦が終わる頃には大型爆撃機まで出現している。

　この頃、飛行機はまだ生まれたばかりの新しい機械であり、それを専門に動かす軍隊、すなわち空軍をまだ持っていない国も多かった。日本やアメリカが第二次大戦中も空軍を持たず、陸軍航空隊と海軍航空隊にそれぞれ分かれていたのがその例と言える（アメリカでは終戦後に陸軍航空隊から分かれて空軍が設立された）。

　その日本海軍航空隊は性質上、海で使う飛

世界初の空母「鳳翔」

行機を装備する必要があり、飛行艇や水上機だけでなく、敵艦を攻撃するために陸上の基地から発進する機体も配備していた。これは陸上攻撃機（陸攻）と呼ばれた。

しかし、新しい発明が水上機と陸攻の、そのどちらでもない機体を出現させる。

その発明とは航空母艦、すなわち空母である。

空母とは艦の上部を平らな滑走路にして飛行機の運用を可能にした艦船のことである。それ以前にも水上機空母というものは存在したが、これは水上機をクレーンで吊り上げて海面に上げ下ろしたり、カタパルト（射出機）で加速して発進させた水上機を帰還後に回収したりする艦で、通常の戦闘機を運用することはできなかった。

世界で初めて最初から空母として設計、建造されたのは日本の鳳翔《ほうしょう》である。

鳳翔は艦上部が平らな飛行甲板になっており、飛行機を運用することができた（もっとも、鳳翔は空母にしては小さく、軍用機が大型化するに連れて運用が難しくなり、後に練習空母になっている）。

空母が誕生すれば、当然空母で運用するのに最適化した戦闘機が必要である。空母と陸上基地の違いはいくつかあるが、ひとつには滑走路が短いこと。空母自体前進しているので、相対的な速度を加味すれば離着陸時の滑走距離は短くて済む（風上へ向けて全速前進している空母に着艦すれば、強い向かい風を受け続けるので揚力が確保できる）が、やはり短い滑走で離着陸できる機体であることが必要だ。また、下方視界が良くないと危なくて着艦できない。そのほかにも不時着しても搭乗員が脱出するまで沈まないように浮力を確保したり、狭い艦内の格納庫に詰め込めるようにコンパクトに作らなければならない（主翼を折りたたみ式にしなければならない場合もある）など、細かい配慮が必要だった。

そして、当然のことではあるが、そのような配慮をした上で、強い戦闘機であることが必須だった。

九試単戦を制式化せよ

設計に様々な制約が課せられる艦上戦闘機は、陸上の戦闘機より弱いのが当然と考えられていた。

しかし、三菱の試作戦闘機「九試単座戦闘機」がすべてを変えた。

九試単戦は艦上戦闘機として作られていたにもかかわらず、これまで日本で作られたどの戦闘機よりも優れていたのだ。もっとも、九試単戦は空母への着艦能力をとりあえず後回しにしてでも高性能を目指した機体なので、必ずしも艦上戦闘機として完成されたものではなかった。その高性能で一気に世界トップクラスの戦闘機の座に着いた九試単戦だが、実際に運用する戦闘機となるには、初飛行で高性能を示し関係者を驚愕させてから、さらに2年の月日が必要だった。

まず、量産機に載せるべきエンジンがなかなか見つからなかった。

九試単戦1号機に載せていた「寿5型エンジン」はスペック上の性能はいいが、減速歯車に欠陥があり、そのままでは使用できなかった。次の2号機には「寿3型エンジン」を搭載したが、このエンジンは重量が重く、スピードこそ出たが機体性能が低下。その後、「光1型」「寿2型改1」と次々にエンジンテストをしたが、なかなかうまくマッチングしなかった。次々とエンジンを積み替えて試験する様子は、さながらエンジンの空中テストのようであった。採用されてからもエンジンの積み替えと模索は続くことになる。

飛行する九六式艦上戦闘機

九試単戦の機体はふわりと運動できるように軽量に作られていた。そのことが問題になった。機体が軽すぎたため、着陸時に機体の浮き上がり（バルーニング）が起きて、狙った位置に着地できなかったのだ。陸上の基地ならともかく、空母の飛行甲板をふわりと飛び越えたら海に落ちてしまう。また、迎え角をあげすぎると前後方向に揺れる癖があった。これらを抑えるために主翼を作り直さなければならなかった。

ともかく、九試単戦は昭和11（1936）年、「九六式艦上戦闘機」としてなんとか制式化にこぎつけた。もっとも、適切なエンジンがないという問題はまだ解決しておらず、とりあえず馬力の低い寿2型改1を載せてお茶を濁しておいた。そのため初期生産型の九六艦戦（九六式一号艦上戦闘機）は九試単戦よりやや速度が遅い。

九六式艦戦の報国号。報国号とは国民の献金で購入された機体（陸軍では愛国号）。献金の主体になった人々の名前がつけられ、「相撲号」「女教員号」などもあった。

アジア無敵の戦闘機

制式化された後も九六艦戦は細かい改良を受け続けた。

エンジンの換装の他、プロペラが2翅プロペラから3翅プロペラへ変更になった。

また着陸の際、転覆に備えて搭乗員の頭部を守る保護支柱が座席の後ろ部分から飛び出す装置が取り付けられたかと思うと、それが廃しされて機体の背びれ部分が高くなったり、キャノピーが開放式から密閉式になったり、密閉式は視界が悪く開放式に戻されたり、とにかくいろいろな工夫が試された。完成された形である九六式四号になるのは昭和12（1937）年の盧溝橋事件の後のことである。

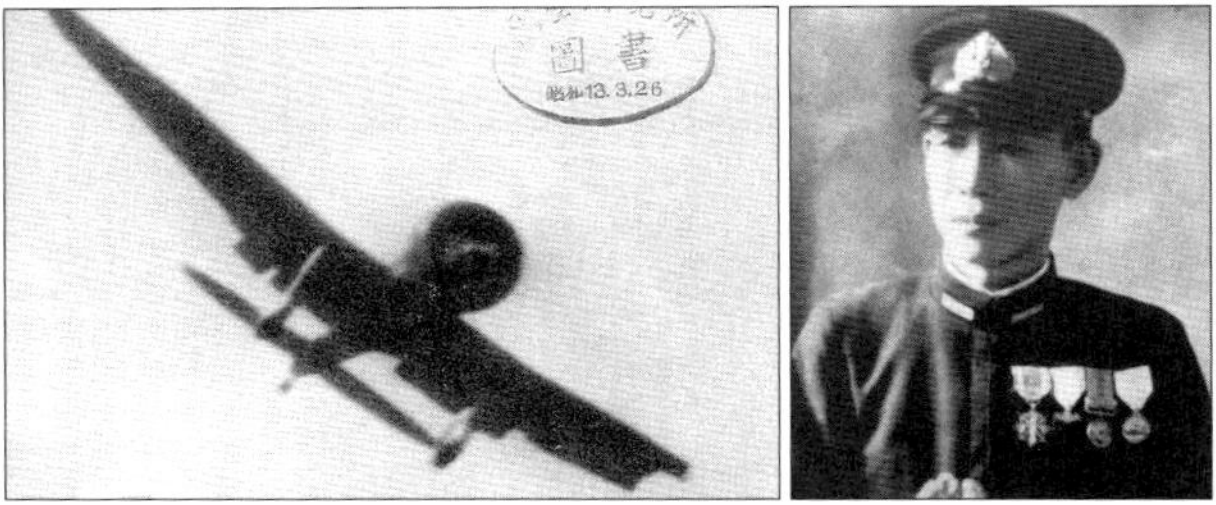

片翼帰還を果たした樫村三空曹（右）と、片翼のまま飛行する九六式艦上戦（左）

日中戦争に初参戦したのは1号だが、改良された機体も順次戦線へと送られた。

その威力は実に凄まじかった。

中国軍はグロスター・グラディエーターなど旧式の欧米機やソ連のI－15、I－16など九六艦戦と同等以下の戦闘機しか持っておらず、搭乗員の練度も低かった。そのため撃墜率で中国軍を圧倒し、昭和13年4月29日の漢口をめぐる空中戦では27機の九六艦戦と78機の中国軍機が戦い、51機の中国軍機を撃墜、味方の損害は2機だけと圧勝している。この頃の九六艦戦は空中戦をやるたびに圧倒的な勝利を収め続けており、日本軍が侵攻した南昌《なんしょう》地区では中国軍機がいなくなったという。

九六艦戦の数ある武勇伝の中でも、当時の新聞でも取り上げられた有名なエピソードがある。

昭和12年12月9日、南昌基地に攻撃をかけた8機の九六艦戦のうちの1機、樫村寛一《かしむらかんいち》・三空曹が搭乗する機体が空中戦の最中に敵機と衝突、左翼が先端から半分近く吹き飛ばされてしまった。

しかし、樫村三空曹は九六艦戦の並外れた安定性、飛行性能もあってそのまま飛び続け、ついに片翼のまま基地に帰還。着陸時に転覆したものの無傷で生還した。この時の様子はたまたま基地にいた報道カメラマンによって写真に撮られ、日本の新聞でも大々的に報道され、「片翼帰還の樫村」として一躍話題の人となった。樫村三空曹はその優れた操縦技術で後にエースパイロットになるが、惜しいことに太平洋戦争中にソロモン諸島で戦死している。

その九六艦戦もやがて、中国軍が大陸奥地に逃げながら戦う、という戦術を取り始めると、航続距離の短さから派手な活躍ができなくなっていく。九六艦戦は当時の航空機開発競争の圧倒的な速さの中で次第に旧式化して、直系の後継機である零戦と交代しながら第一線から去っていった。

零戦は九六艦戦を進化させて誕生した戦闘機と言っても過言ではない。

零戦を生み出す土台となったという点でも価値があるが、何よりも日本で初めて世界のトップレベルに追いついた戦闘機として永遠に記憶される機体であろう。

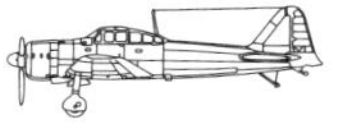

【日本海軍航空隊の化身】

零式艦上戦闘機

日本軍の影

少し古い本だが、『零戦　日本海軍の栄光』（1971年）にこんな逸話が載っている。太平洋戦争初期、オーストラリア軍に勤務するグレゴリー・ボード氏は「日本通」の専門家から状況説明を受けていた。ボード氏の愛機はアメリカ製のブリュースターF2A〝バッファロー〟艦上戦闘機で、当時のオーストラリア軍の認識としては「太平洋地域最強の戦闘機」だった。「日本通」も同様に、日本軍は最新の戦闘機でも羽布張りの複葉機で、金属製の機体に引き込み脚を持つバッファローとは比較にならないと説明していた。

ボード氏も同僚たちもこの説明を真に受け、日本軍との戦闘を楽観視していた。現代の感

零式艦上戦闘機

【SPEC】［全幅］12ｍ［全長］9.05ｍ［最高速度］533km/h［武装］7.7mm 機銃×２、20mm 機銃×２、30kg または60kg 爆弾×２［乗員］１名（※以上は二一型のもの）

覚から考えると奇妙なことだが、日本が先進主要国である現在と違い、戦前の世界では日本という国は、国際関係に疎い海外の一般人からすれば〝マイナーなアジアの国〟に過ぎなかった。明治時代に日清戦争が起きた時は、清国の中にある日本という地方が起こした内乱と勘違いしたアメリカ人がいた、という話もある。

現代風に言えば、「貧しい途上国の戦闘機はせいぜい旧ソ連のおさがりの、50年代に開発されたジェット戦闘機だろう」と決めつけるような感覚であり、そこまで不自然な考え方ではなかったのである。もっとも「50年代のジェット戦闘機」と戦うつもりで出撃して「最新のハイテクステルス戦闘機」と遭遇したら恐ろしいことになるのだが……。

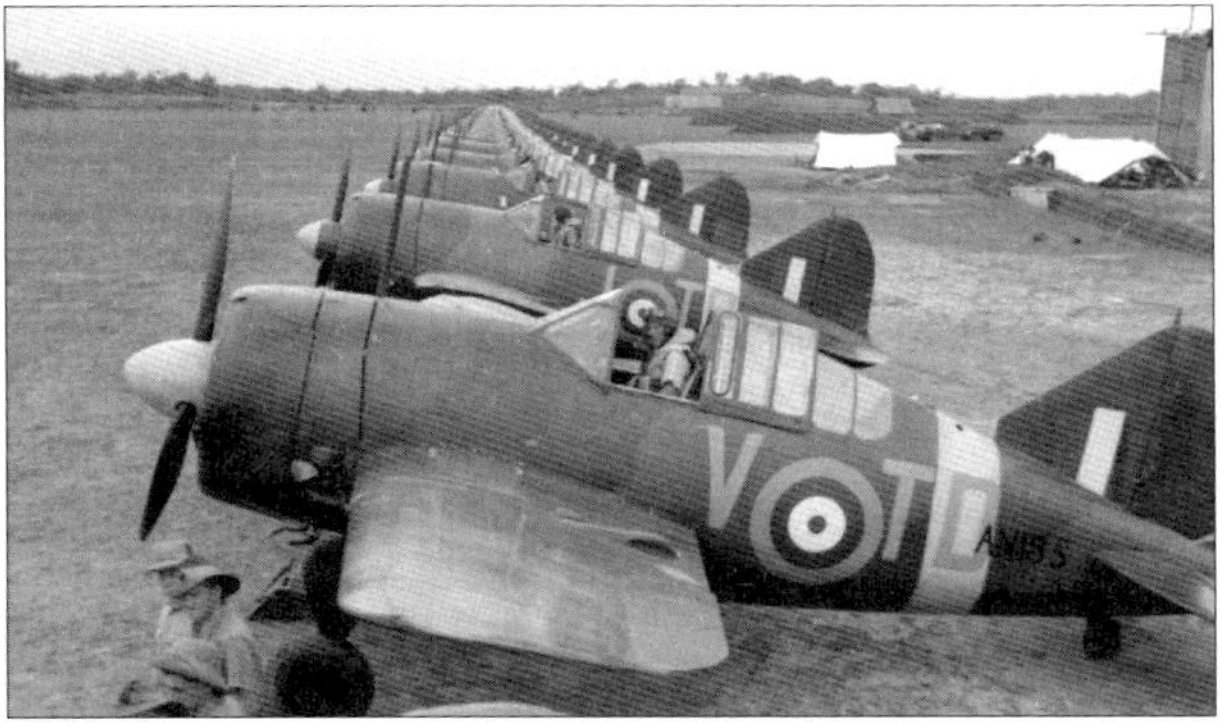

オーストラリア軍のブリュースター F2A〝バッファロー〟

日本軍接近の一報を受けたボードたちは13機のバッファローに乗り込み出撃、勇躍日本軍の航空部隊に挑みかかった。

しかし、その結果は、実に恐ろしいものだった。日本軍のその新鋭機の前にはバッファローは速力、上昇力、火力、運動性など、あらゆる面で劣っていたのである。13機中11機は空中でバラバラに破壊され、ボード氏と仲間1人だけが着陸することができた。

ボード氏はその後何度もその新鋭機〝零戦〟と戦うことになるが幾度も死にそうな目に遭うはめになる。

最強戦闘機を目指して

九試単戦からの九六艦戦の開発、配備に成功し実戦でも高評価を得た堀越二郎技師に次なる新鋭機「十二試艦戦」の開発の仕事が舞い込む。

九六艦戦で初めて世界水準に並んだとされる日本軍の戦闘機だが、世界の趨勢はすでに次の段階に入りつつあった。より速い速度と、それを可能にする引き込み脚などの新技術である。世界と優劣を競うには追いつくだけではダメで、むしろ世界を追い越さなくてはならない。

そのため新型艦載機である十二試艦戦には時速500キロメートル以上の速度、3分30秒で上空3000メートルまでのぼれる上昇力、九六艦戦と同等以上の格闘戦能力、2000キロを超える航続距離、7・7ミリ機銃の他に20ミリ機関砲を備える攻撃力など、あらゆる要求が盛り込まれた。

これは世界的に見ても前代未聞であり、三菱のライバルだった中島飛行機はこれを設計するのは困難と早々に十二試から手を引いてしまい、三菱の堀越技師にお鉢が回ってきたのである。

堀越技師の考えでは、当時の限られたエンジンの馬力の中でこの要求を実現するには、極限まで贅肉を削ぎ落とし重量を軽くし、空力的に洗練された設計にして空気抵抗を減らさねばならなかった。

また、限られた馬力から効率よく推進力を引き出すにはプロペラの工夫も必要で、プロペラのピッチ角を最適角度に自動で調整する「住友／ハミルトン社製恒速プロペラ」を採用した。

ちなみにハミルトンというのはアメリカの部品メーカーであり、のちにアメリカ軍と激戦を戦うことを考えれば奇妙な感じがするが、軍用機に取り付けるパーツに外国製や外国で開発されて日本で生産しているライセンス生産品（や、当時はコピー品も）を取り付けるのは珍しいことではない。

零戦に関して言えば機銃はイギリスのヴィッカース製7・7ミリ機銃を国産化したもの、20ミリ機銃はスイスのエリコン社製を国産化したもの、照準器はドイツのレビ光像式照準器を国産化したもの、無線帰還装置はアメリカのクルシー無線帰還装置を国産化したもの、ちなみにのちに搭載される栄エンジンは、アメリカのカーチスライトのエンジンを参考にして開発されている。

機銃については銃弾が小さいほど初速が速くまっすぐ飛ぶので命中精度が良く、銃弾が大きいほど当たった時の破壊力が大きい。7・7ミリ機銃はよく当たるが豆鉄砲、20ミリ機銃は当たればでかいが初速が遅く、放物線を描いて飛ぶいわゆる「小便弾」で、搭乗員の好みによってどちらが役に立ったかという意見は分かれるようだ。

軽量化のため機体の骨組みは金属素材の中でも軽く丈夫な超々ジュラルミンを用い、開けられるところにはすべて穴を開けた。機体のパーツ接合は頭の飛び出さない沈頭鋲という鋲で打って留め、わずかの空気抵抗増を防いだ。

航続距離の増加と運動性の向上には翼面荷重を低くしなければならない。翼面荷重とは翼の

十二試艦戦

面積あたりにかかる機体の重さの値である。これが大きいほど急降下性能に優れ、小さいほど軽くクルクルと旋回でき、航続距離も伸びる。
　機体のラインも理論的に考えられる理想の形に整えた。そのため十二試艦戦は機械的な直線がほとんどない曲線的なラインに包まれた機体となった。これは海軍の厳しい要求を実現して見せた堀越技師のチームの技術の勝利であったが、生産においては工程数が増える上に工員に求められる技術が高くなりすぎるなど、戦争末期に粗悪品が量産される原因にもなる。
　また、極度の軽量化により乗員を守る防弾装備が一切取り付けられなかったため「零戦は人命を軽視する日本軍の体質の象徴」とされることもある。はっきり言って日本軍が人命を軽視していたのはまぎれもない事実だが（戦術的に無意味なバンザイ突撃、特攻兵器など枚挙にいとまがない）、零戦の防御力が皆無に等しいのは少ないエンジン馬力から高速力、航続距離、格闘戦能力を引き出すための措置だった。ドッグファイトで勝敗を決する戦前の戦闘機の戦術思想の上ではそれほどおかしいものではなく、戦前の設計の外国の戦闘機も、戦争後期の機種のように厳重な防弾装備がついていたわけではない。何しろ第一次大戦時の戦闘機など、木と布でできていた上、それで機銃を撃ち合っていたのである。なまじ重い防弾板を装備して動きが鈍くなるくらいなら、素早く敵の背後に回りこめる方がかえって安全、という意見にも一理があった時代である（もっとも、動きが鈍いバッファローに乗っていたボード氏は座席の背中に取り付けてあった防弾板がボコボコになりながら助かっている）。のちに戦闘機の性能が向上してくると、身軽ならいいとも言っていられなくなるのだが。

ともかく、十二試艦戦、のちの零式艦上戦闘機は完成した。

しかし、ここでちょっとした問題に直面する。

三菱と海軍の航空行政のまずさから、名古屋にあった開発工場に隣接した飛行場がなかったのである。航空機開発をしているのに試験用の滑走路もないという雑と言われても仕方がない状況だった。止むを得ず十二試は岐阜の各務原飛行場まで、約50キロを牛に引かれて移動したそうである（牛による輸送は零戦以前もあり、零戦以後も続いた。トラックでは当時の悪路では振動が大きすぎ、牛車がベストだった）。

「そんな**戦闘機**いるはずがない」

中国戦線に投入された零戦（A6M 一一型）

Ａ６Ｍ零式艦上戦闘機の初陣は中国大陸であった。昭和15年9月、中国軍の戦闘機隊に消耗を強いるため戦闘を挑もうとするもなかなか出てこない。だが、ついに重慶上空で中国軍の戦闘機隊を捕捉することに成功する。

この時の中国軍の戦闘機はソ連から供与されたポリカルポフＩ‐15、Ｉ‐16の2機種27機だったが、どちらも性能的には零戦に遠く及ばない。乗員の練度も日本側が高く、なんと中国側全機撃墜、零戦にはまったく損害はなかった。

零戦は中国戦線で爆撃機の護衛を務め、幾度も中国軍機に手痛い打撃を与えた。中国に駐在し中国軍軍事顧問及びアメリカ義勇兵部隊〝フライング・タイガース〟の指揮官だったクレア・リー・シェンノート退役少将も報告書を書いて本国に警告した。

「日本軍の新鋭戦闘機は圧倒的な戦闘能力を持っている！」

しかし、アメリカ本国の将校はこの報告を無視した。当時の一

空母瑞鶴から発進する零戦。落下式増槽のおかげで驚異的な航続距離を誇った。

般的な感覚から、技術的には途上国のはずの日本で、そんなに強い高性能機を作れるはずがない、と思い込んでおり、報告書の内容を大げさに騒ぎすぎだと決めつけたのである。この敵を侮った認識のせいで太平洋戦争初期に、アメリカ軍は手酷い打撃を受けることになる。

零戦はさらに、パールハーバーや、フィリピン、ボルネオなどの南方で戦い、襲いかかってくる連合軍の戦闘機をことごとく撃退した。その中にはバッファローのような低性能機だけではなく、欧州戦線で名を馳せたハリケーンやスピットファイアなどのイギリス製の高性能機も含まれていた。

スピットファイアは航続距離などを除けば、性能自体は零戦と同等以上だった。

しかし、そのスピットファイアも太平洋で零戦と戦うと苦戦を強いられた。原因のひとつは翼面荷重が大きく旋回性能より速度を重視したドイツ機と格闘戦をして腕を上げてきたイギリスの戦闘機乗りが、零戦に同じ技が通用すると思い込んで格闘戦を挑んだことだった。旋回しながら背後を取り合う勝負をすれば、低速域ではグルングルンと軽く運動できる零戦にかなう戦闘機はいなかったのである。

ニューギニアのポートモレスビーにある連合軍基地上空で、あまりにも敵の反撃がないので3機の零戦が編隊を組んで3回も（2回という説もある）宙返りをして見せた、という有名なエピソードがある。要するに敵基地上空で曲芸飛行をして見せたわけだが、それほどまでに零戦は上空を支配していたのである。

ヒット＆ランとサッチの機織り

しかし、零戦にも弱点があった。そのひとつは防弾装備が皆無であることだが、他にも機体構造が脆弱で急降下で速度を出しすぎると空中分解すること、低速で軽く運動することを重視するあまり、急降下のような高速では操作が重くなりひどく動きが鈍ることだった。零戦は連合軍にとって、ありえない航続距離を持ち予想外の場所に出現し、異様な身軽さで攻撃をかわす魔法の飛行機だった。しかし、その魔法はいつまでも続かなかった。

連合国側は鹵獲した零戦をもとに対策を練った。写真は中国で鹵獲された零戦。

昭和17年、アラスカのアクタン島に一機の零戦が墜落したのである。これを回収し徹底的に分析したアメリカ軍は、零戦の特徴や弱点をあぶり出した。

零戦の特徴を見抜いた連合軍戦闘機隊は、「ヒット&ラン」という戦法を多用するようになる。これは上空から急降下しながら零戦に攻撃を仕掛け、当たろうが外れようがそのまま急降下で逃げて、急降下が苦手な零戦を振り切ったと見るや、その速度を利用して急上昇、再び上空に位置するという戦法である。これを無線で仲間と連携しながら行うと、低速での格闘戦を得意とし高速では動きが鈍くなる零戦では敵機を攻撃できなくなるのである。

この無線を利用した連携攻撃は無線機の性能が良い連合軍ではよく使われたが、仲間の声も聞き取れないほど無線機の性能が低い日本軍機にはなかなか真似することができず、後々苦戦することになる。

ヒット＆ラン戦法で零戦の強力なライバルとなった「カーティス P-40」

ヒット&ラン戦法によって、頑丈なだけで運動性が悪く、零戦の敵ではなかったP‐40戦闘機までが強敵となって立ちはだかってくる。頑丈で急降下が得意なP‐40はヒット&ランに向いていたのだ（さらに、P‐40は常に改良が続けられており、後期型では侮れない性能があった）。

またジョン・サッチ海軍少佐はなんとか零戦に対抗する戦法を編み出そうと研究を重ね、ついに「サッチ・ウィーブ（サッチの機織り）」と呼ばれる戦法を編み出した。これは2機ひと組が平行に並んで、お互いの後方を監視して互いに護衛しながら飛び、片方の背後に敵機が食いついたら、もう片方がその敵機を攻撃、攻撃された方は回避して空戦終了後には僚機と位置が入れ替わる。これを繰り返す様が機織りのように見えることからサッチ・ウィーブと呼ばれたのである。

これらの巧みな戦法によって零戦の優位は次第になくなっていった。また、巨大な航空産業を持つアメリカがついに本気になって戦闘機の開発、増産を始めると、運動性のいい飛行機を搭乗員の名人芸で最強戦闘機にしていた日本軍航空隊は押される一方となる。アメリカが作るのは「誰が乗っても強い戦闘機」であり、育成に時間がかかる搭乗員を飛行機よりも大事に扱うなど、豊かさと合理主義で押されると、貧乏で根拠のない精神論がまかり通る日本軍は太刀打ちできなくなったのだ。

またあまりにも零戦に頼りすぎ、新型機の配備が遅れに遅れたことも日本軍には致命的だった。零戦は全型合計で1万機以上生産され、その威力で太平洋戦争初期にはアジア太平洋に君臨したが、その力が通用しなくなると日本海軍もまた転落を始めるのであった。

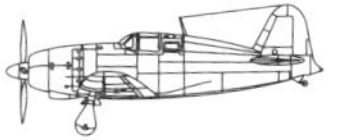

【雷一閃！　守護の一撃】

海軍局地戦闘機〝雷電〟

局地戦闘機とは？

海軍航空隊は船とともに、海上で飛行機を運用する部隊である。

空母に限らず、陸上の基地から発進し、敵艦艇を攻撃する攻撃機も海軍の管轄である。爆撃機と認識されがちな一式陸攻も、敵艦を魚雷攻撃するのが主な任務のひとつなのだ。

そのため、やはり空母に搭載して運用する艦載機や飛行艇、水上機に力を入れるのが普通であり、初期の頃はそのような機材を主軸に取得していた。

しかし、それだけでは対応できない任務があることが、徐々に明らかになってくる。

それは拠点防衛用の戦闘機、現代でいう要撃機である。

局地戦闘機〝雷電〟

【SPEC】［全幅］10.85ｍ［全長］9.695ｍ［最高速度］616km/h［武装］20mm機銃×4、30kgまたは60kg爆弾×2［乗員］1名

敵の飛行機が味方の基地を狙って攻撃をかけてきた場合、当然反撃のために戦闘機を発進させなければならない。しかし、爆撃機の性能が上がり、高空を高速で飛んできた場合、生半可な戦闘機では上空の敵に接触できた頃には爆弾をすべて落とされた後、という事態にもなりかねない。敵が爆撃可能な空域に進出してくる前に、高速で発進し一気に上昇して叩く新しい機種が必要だった。これは陸軍では「鍾馗」が担うことになる任務だが、海軍ではこのような機体を、特に「局地戦闘機」と呼んだ。

零戦などが洋上を長距離飛行するために航続距離をできるだけ長くしたのに対し、局地戦闘機では狭い範囲をカバーできればよいので、航続距離は気にせず、とにかく速度が速

局地戦闘機として海軍が輸入したHe112B戦闘機（同型機）

く上昇力が強い馬力のある飛行機が求められた。

「速力ヲ極度ニ要求ス」

日中戦争が始まると、局地戦闘機を要求する声は次第に大きくなっていった。

当時の中国軍航空部隊はお世辞にも強力ではなかったが、それでも飛行場を中国軍に空襲されると地面に置いてある飛行機には為す術がなく、かなりの被害を受けていた。

海軍はドイツからHe112B戦闘機を輸入して基地の防御に当てることを考えたが、速度重視で日本機に比べて運動性が悪いHe112Bは、軽快な九六式艦上戦闘機に慣れた日本の搭乗員にはひどく鈍く感じられ、極めて不評で採用されなかった。

爆撃機相手の局地戦闘機はグルグルと軽快に旋回

する必要はないし、敵戦闘機は速度で圧倒すればいいのだが、そのような一撃離脱型の戦法は日本では好まれず、陸軍の鍾馗も同じ理由で搭乗員に嫌われていた。

しかし、重要ではない運動性のために必要な機材の取得が遅れるのはバカげた話であり、中国での戦訓を踏まえた次期戦闘機への要望書が航空本部へと送られた。そこには基地を守る防空戦闘機に必要な性能について、明確な要求があった。

「航続力、操縦性ノ一部ヲ犠牲トスルモ速力ヲ極度ニ要求ス」

要するに、局地戦闘機に必要な性能に特化した戦闘機が欲しいと要求したのである。

昭和14（1939）年、海軍は三菱に新型戦闘機「14試局地戦闘機」、14試局戦の試作を依頼、仕様要求を提示した。その内容は「最大速度は時速630キロメートルが目標」「高度6000メートルまで5分30秒以内」「武装は20ミリ機関砲2門、7・7ミリ機銃2門、30キロ爆弾二発」というものである。

武装は零戦と大差ないが（これはのちに大幅に強化されることになる）、上昇力の要求は零戦の時より2分も短く、速度の要求は100キロ近く速かった。逆に運動性に関しては、通常の飛行が問題なくできればいいという程度で、特に厳しい要求はなかった。

厄介！　14試局地戦闘機

14試局戦の開発に当たったのは三菱の堀越技師をはじめとした開発チームであった。開発陣にとって、14試局戦に要求された性能を達成する要は、一にも二にもエンジンだった。エンジンは直径が小さければ小さいほど、機体も細く設計でき、空気抵抗も少なく速度が出せる。

一方で空冷エンジンは大きければ大きいほど馬力が出せる。いずれにせよ、軽戦闘機（海軍の分類では甲戦）である零戦と同じ1000馬力ほどのエンジンでは力不足なのは誰の目にも明らかだった。

堀越技師は当然ながら細い液冷エンジンを使いたかったが、空冷を使うように仕様要求で指示されていたため、三菱金星エンジンの発展型を使うことになる。後にこのエンジンは火星エンジンに発展する。

火星エンジンは1600馬力を出せる強力なエンジンだったが、直径が1・34メートルもあり、そのまま機首に載せると、その巨大な鼻先が大きな空気抵抗を生む可能性があった。

そもそも火星エンジンは一式陸攻や二式飛行艇などの大型機用エンジンであり、1人乗りの小型機に載せるには太すぎた。機首は細くしたいが使えるエンジンの直径は大きすぎる。この矛盾を解決する手段を開発陣は見つけ出した。

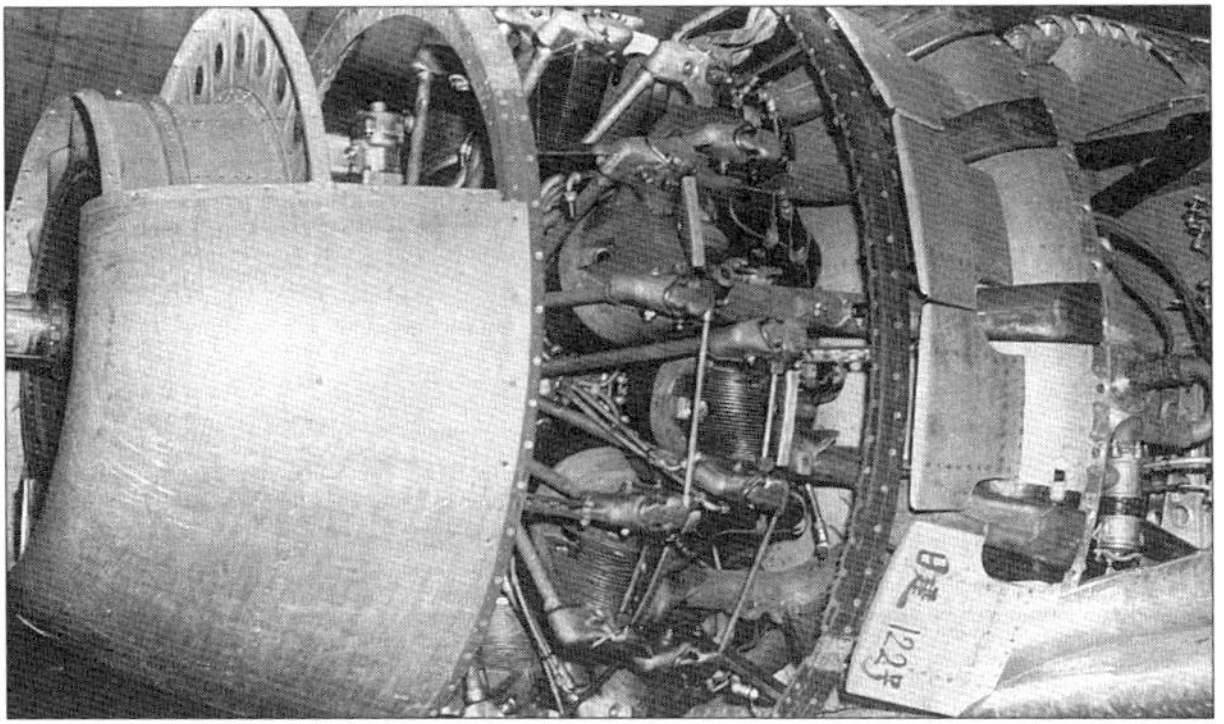

雷電に搭載された火星エンジン

胴体全体を太い紡錘形とし、エンジンを通常の戦闘機より奥まった位置に配置するのだ。

こうすれば機首を細くしながら、胴体の太い部分に大きいエンジンを乗せることができる。

ただし、そのままでは空冷エンジンを冷やす空気が足りなくなり、エンジンがオーバーヒートしてしまう。そこで、奥まった位置にあるエンジンの前に強制冷却ファンを設置し、プロペラと同時にファンも回して空気を吸い込み、エンジンを冷やす構造にした。このため14試局戦がエンジン全開で飛ぶとレシプロエンジンの音と同時に、ジェットエンジンのような金属音がしたという。

ちなみに、この構造のおかげで胴体中央部が非常に太く、操縦席が単発戦闘機ではありえないほど広くなり、「中で宴会ができる」「3人乗れる」というジョークが囁かれた。広々として居住性は悪くなかったようである。

だが、問題もあった。まず指摘された問題は視界が狭いことである。

雷電のコクピット。広々としていたが、視界はあまり良くなかった。

風防後部のラインはそのまま胴体へと続くファストバック方式だし、前方風防は機体が太い割に小さく低い。そのため中に乗り込んでみると、太い胴体に邪魔され、視界が狭かった。特に離着陸時に機首を上げながら飛ぶと前方がまったく見えなくなった。曲面を多用した風防ガラスは隅の方では歪みがひどく、かえって視界が狭くなるので平面が多いものに交換された。

また、大馬力エンジン搭載や強制冷却ファンの使用など、新機軸のアイデアをつぎつぎに投入した結果、機体が異常な振動を起こすという問題が発生した。さらに、あまりの激務に主務の堀越技師が倒れて入院するというトラブルまであり、14試局戦の開発は遅れに遅れた。

この14試局戦が制式採用され「局地戦闘機　雷電」となったのは、昭和17（1942）年10月のことだった。

だが、制式採用後も雷電の運用はスムーズにいかない。昭和18年6月16日、腕利きのテストパイロットの操縦によって飛び立った雷電はしかし、離陸直後に機首下げの状態になり、そのまま地面に激突して大破、乗員は即死だった。

なぜ突然機首下げになったのか、大破した機体を隈なく調べてもまるでわからなかった。

原因がわかったのは3ヶ月後のことである。同じように雷電で飛び立った柴山操縦士はいつも通り着陸脚を収める操作をした。その途端、勝手に機首が下がり始めた。いくら操縦桿を引いてもビクともしない。地面に激突する寸前で柴山操縦士は「脚を収める操作をして異常が起きたのなら、脚を出せば元に戻るかもしれない」と閃き、着陸脚を再び出してみた。途端に操縦桿は元どおり動くようになり、機体を立て直して難を逃れることができた。

原因はいたって単純なものだった。着陸時に機体の尾部を支える尾輪の支柱の緩衝装置の油圧が高すぎたために、着陸を繰り返すごとに湾曲し、その結果昇降舵の軸に干渉するくらい曲がっていたのだ。この曲がりのために、着陸脚の収納操作をして尾輪が上がってくると軸に当たって下げ梶になるという、単純だが恐ろしいものだった。

さらに雷電の速度重視で高翼面荷重な設計は、高速で滑走路に進入しなければ着陸できな

迎撃機として期待された雷電だったが、米軍の重爆撃機 B-29には対抗できなかった。

いという難しい特徴を与えた。これらの問題点から、雷電は扱いにくい「殺人機」というレッテルを貼られてしまったのだ。

ただし、これは鍾馗と同じく旋回性能に固執する日本軍の問題で、接収した雷電を調査したアメリカ軍は「高性能な要撃機」と判定している。必要とされる性能だけを十分に備えていれば、それは傑作機なのだ。

だが、雷電が量産される頃には、それを使いこなせる搭乗員が少なかったのもまた事実である。実際、操縦は難しく、初心者が乗れば文字通り殺人機になってしまうのだ。敵の攻撃を切り抜けて生き残っても、着陸で事故を起こし機体が失われる事例が頻発したという。また、他の日本機と同じく細かな故障が頻発した。

雷電はさほど華々しい活躍はしていない。主な活

ターボチャージャーを搭載した「雷電三三型」

躍は本土防衛戦であり、それは言わば負けてジリ貧になり始めた時期であり、また強敵である重爆撃機B‐29と、護衛機である高速戦闘機P‐51との対戦が余儀なくされ、性能的に対抗しきれなくなり始めていたのである。

高高度戦闘への挑戦

近い将来、1万メートルを超えて飛ぶ高性能爆撃機が誕生し、そいつが現れたら今の日本軍の戦闘機では対抗できずにまずいことになる、というのは戦闘機の設計技師や軍の専門家なら誰でも抱えていた不安であった。

これに対抗する新型高高度戦闘機「天雷」の計画もあったようだが、昭和18年の時点で日本にはそんな未来の戦闘機を待っているゆとりはなかった。

雷電には排気タービンを取り付ける計画が持ち上がっている。排気タービンとはいわゆるターボチャージャーである。空気の薄い高空でエンジン燃焼に必要な空気を確保するため、排気ガスの圧力で羽根車を回して回転力を取り出し、それで過給器を回して空気を吸い込む装置だ。これの技術ではアメリカが先行しており、P-38など優秀な高速戦闘機を生み出していた。

雷電の計器（写真は二一型）

ところが、試作した排気タービンを装備した雷電は、なぜか謎の振動を起こすようになり、これが解決しないまま試行錯誤を余儀なくされた。そのうちに火星エンジンのスーパーチャージャーが改良されて高高度性能が上がったため、排気タービンの計画は打ち切りになった。

この性能向上型は雷電三十三型と命名され、武装も20ミリ機関砲6門と、当時の日本軍戦闘機としてはずば抜けて強力だった。

しかし、すでに国力は疲弊しており生産はままならず、三十三型の生産数は40機ほどだったという。

雷電は本来、局地戦闘機としての性能は十分備えていた。しかし、まわりの無理解、登場した時期の悪さ、扱える搭乗員の少なさ、数の少なさなど、どうにもならない運のようなものには恵まれなかった。

しかし、雷電は航続距離が短く、初心者が乗るにはあまりにも操縦が難しかったため、特攻機には使われなかったと言われている。その意味では殺人機でもあり、また殺人機ではなかったのだ。

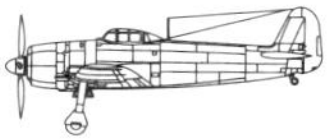

【日本海軍伝説のエース部隊】
紫電／紫電改

強敵！ヘルキャット

日本海軍航空隊そのものとも言える、代表的な機種であった零戦はしかし、大戦も後半になると性能的にアメリカ軍の新型戦闘機に太刀打ちできなくなってきていた。

中でもアメリカ軍のＦ６Ｆ〝ヘルキャット〟はその高性能から零戦を大いに苦しめた。

ヘルキャットと零戦の性能差の決定的な要因はエンジンの馬力の差であり、零戦の栄エンジンが９４０馬力だったのに対し、ヘルキャットのプラット&ホイットニーR‐２８００の馬力は２２００馬力に到達。比べれば2倍以上の馬力の差があった。

零戦が極限まで軽く贅肉を削った設計だったのに対し、ヘルキャットは有り余るパワーで頑丈な機体に防弾装備をたっぷりと装備し、しかもその無骨な外見に似合わず運動性も速度も良好だった。グラマンの機体は堅牢さが売りのひとつで「グラマン鉄工所」とあだ名されていた。

この強敵に零戦で対抗するのは厳しく、日本海軍としてはなんとしても新型機が必要だった。ヘルキャットに護衛された敵爆撃機部隊を叩くには、強力な防空戦闘機が必要であり、海軍は三菱に対してこれを要求。三菱は局地戦闘機〝雷電〟でこれに応えるが、雷電は不具合が多発してなかなか実戦配備ができなかった。雷電がもたもたしているのを指をくわえて見ている場合ではなく、海軍としては保険として、同時に別の防空戦闘機の開発も進める必要に迫られていた。

そこに持ち上がったのが川西航空機の水上戦闘機を陸上機に改造するプランである。

川西は水上機や飛行艇を得意とするメーカーで、大型飛行艇としては世界に冠たる傑作機とされる二式大艇で知られていた。

強風から紫電へ

川西が新型機の原型として目をつけていたのが自社の水上戦闘機〝強風〟である。

強風は１４６０馬力の強力なエンジンを搭載しており、海上に浮かぶためのフロート（浮

局地戦闘機〝紫電改〟

【SPEC】［全幅］11.9ｍ［全長］9.3ｍ［最高速度］644km/h［武装］20mm機銃×4、60kg爆弾×4、250kg爆弾×2［乗員］1名

き）を取り外せば、高速でパワフルな戦闘機になると考えられた。

そこで早速、川西の技術陣は強風を陸上機に改造する作業を始める。これにより誕生したのが川西Ｎ１Ｋ１－Ｊａ〝紫電11型〟である。

しかし、紫電は戦闘機としては決して褒められた出来栄えではなかった。

原型が水上機だった紫電は、当然ながら着水用のフロートに変えて着陸用の着陸脚を装備しなければならないが、もともと着陸脚の装備など想定していないため、困った問題が起きた。翼の取り付け位置の高さが通常の戦闘機より高いため、爆弾や増槽の取り付けのためのクリアランスを確保しようとすると、翼に格納される着陸脚は思い切り長くしなけ

川西の水上機「強風」

ればならなくなった。通常の戦闘機と変わらない長さの着陸脚だと、爆弾や増槽を地面にこすってしまうのだ。かといって、それほど長い脚を収納するようなスペースもない。

そこで紫電の着陸脚は伸縮式にされ（二段式引き込み脚）、格納時は短く、着陸時に展開されると伸びるという構造にした。

アイデアとしては順当だが、機械というものは構成パーツが多く、複雑になるほど故障頻度が増すものである。

この伸縮機構もまた、動作不良が多かった。飛行機の着陸脚が故障するのは笑いごとではない致命的な問題で、片方の脚が伸びきらずに斜めに傾いで滑走、転倒したり、脚が伸びきらずプロペラが地面を叩いて破損する機体が続出した。

また、エンジンを2000馬力級の誉エンジンに換装したが、誉エンジンにも不具合が多発。加えて、主翼の取り

強風を改造して製造された「紫電11型」。二段階引き込み脚になっているのがわかる。

付け位置が高いせいで搭乗員の下方視界が悪く、これも問題とされた。

紫電が完成したのは、強風の初飛行からわずか7ヶ月後。急激な改造によって無理やり作った戦闘機という感は否めなかった。紫電は実戦に配備されたが、搭乗員からの評判は悪く、未完成の欠陥品であることは誰の目にも明らかだった。

欠陥機から名機へ

川西としては、このような機体を作っておいて無責任に知らん顔することはできない。

技術陣は紫電を徹底的に改造することにした。

まず、紫電最大の問題である主翼の取り付け位置を低くした。

これにより通常の着陸脚が使えるようになりトラ

ブルは解決、下方視界も良くなった。誉エンジンも（恐らくは現場の整備員がこのエンジンに慣れてきて）、実戦でも使えるものになってきた。もっとも、それでもまともに飛べない機体の残骸が基地に山積みになる程、信頼性と稼働率は低かった。

そして大きなポイントが強風の頃から装着されていながら、初期不良のせいでうまく作動しなかった「自動空戦フラップ」が、改良の結果使えるようになってきたことである。

フラップとは主翼についている動翼の一種で、高揚力装置ともいう。その名の通り本来は離着陸の時に一時的に翼から突き出して揚力を高める装置である。出しっぱなしでは空気抵抗が大きくなりすぎるので通常の飛行時には引っ込めてあるものだ。

しかし、激しい空中戦の最中に一時的に高揚力が必要になったり、急旋回をする際に一時的にフラップを突き出す必要がある場合も発生する。しかし片手に操縦桿、片手にスロットルレバーを握って、照準器と周囲の警戒と計器を同時に気にしながら激しいGに耐える搭乗員に、それ以上細かい操作を行うのは難しい。

そこで、速度計や水銀柱の動きを検知して、機体が急旋回するなどフラップを作動させる必要が来ると、自動的にフラップを動かす装置が開発されたのである。これは日本軍の秘密兵器であり、自動空戦フラップの操縦席にある部品は機密保持のため、不時着時には搭乗員が取り外して捨てる決まりだったという。

その他、様々な改良が加えられ、問題児だった紫電は改良型である〝紫電改（紫電21型）〟に生まれ変わった。

矢印で示したのが、紫電改の自動空戦フラップ

奇妙な命令

紫電改は頑丈さも速度もパワーも武装も零戦を上回っていながら、格闘性能も零戦に匹敵する高性能機として生まれ変わった。しかし、紫電／紫電改の開発は前線の搭乗員には知らされていなかったため、その存在は内地の関係者しか知らなかった。

昭和19年10月末、フィリピンで二五二空に勤務していた宮崎勇飛曹長は、他のベテランパイロット岩本徹三少尉、斎藤三朗少尉共々「内地へ飛行機を取りに行け」という奇妙な命令を受ける。この厳しい戦況の折、ベテランを3人も内地に戻すのは奇妙なことであったが、兎にも角にも命令には従わなければならない。

内地行きの爆撃機に便乗した3人は九州の鹿屋《かのや》基地に向かった。ちなみに二五二空はすでに特攻部隊と化しており、3人は命拾いすることになる。

鹿屋基地についた3人だが、飛行機などどこにもなく、仕方なく二五二空の原隊がある千葉県の茂原基地に飛ぶも、そこでも要領を得ず、困っていたところ突然「新設される航空隊に入隊せよ」という転勤命令が下り、宮崎飛曹長はひとり横須賀へ向かうことになってしまう。

しかし横須賀でも数日放置される始末で、すっかり困ってしまった宮崎飛曹長はもう一度茂原へ行こうと準備していたところ、何と顔なじみの、いずれ劣らぬ歴戦の戦闘機乗りが続々と横須賀へやってきたのである。しかし、彼らも事情をまったく知らされていなかった。

極秘のうちに選りすぐりのベテランを引き抜いて、エース部隊を創設しようとしていることは明らかだった。確認のために東京に向かった菅野《かんの》直《なおし》大尉は海軍参謀である源田実大佐に事情を聞き、新鋭戦闘機「紫電改」を操る本土防衛用の部隊を創設することが判明する。

エース部隊「三四三空」

この部隊はその根拠地を四国の松山と決め、その名も海軍第三四三航空隊、通称を「剣部隊」

海軍第三四三航空隊の三〇一飛行隊、通称「新選組」

といった。

剣部隊は3つの飛行隊からなり、それぞれが心意気を競い合い、三〇一飛行隊〝新選組〟、七〇一飛行隊〝維新隊〟、四〇七飛行隊〝天誅組〟と、幕末の志士になぞらえた部隊名を名乗った。また、いち早く敵を発見するため、戦闘機隊には珍しく偵察飛行隊も持っており、彼らは〝奇兵隊〟を名乗った。さらに徳島には四〇一という錬成部隊が控えていた。三四三空はベテランを中核として、一般隊員が脇を固める強力な戦闘部隊であった。

ベテランとはいえ、新しい機種に乗り換えて、操縦に慣れて空中戦ができるようになるには5ヶ月は必要だった。そのため剣部隊も5ヶ月間は隊員の錬成に当てる予定だった。

しかし、アメリカ軍の侵攻はそのような間を

偵察機の彩雲

与えてはくれなかった。

　翌年の昭和20（１９４５）年の3月19日、広島の呉を攻撃するためアメリカ軍の空母艦載機が出撃した。午前6時50分に奇兵隊の偵察機〝彩雲《さいうん》〟から室戸岬沖に敵機動部隊発見との報告があり、午前7時過ぎには全機出撃の命令により54機が出撃、すぐに敵の攻撃部隊と混戦状態に入る。

　数の上ではアメリカ軍部隊の方が優勢で、第一陣を撃退しても第二陣が現れるといった具合に、数で押されて苦労した。しかし、搭乗員の腕では負けておらず、なんとか押し返し、午前9時半ごろに戦闘はほぼ終了した。この戦闘による戦果は地上からの攻撃も合わせてアメリカ軍機57機撃墜、剣部隊の損害は13機とされた。

　この大戦果はアメリカ軍の前に後退し続けてきた搭乗員の意気を大いにあげたが、その後三四三空は鹿屋基地に移動、特攻隊の血路を開くために制空権の確保を行うという、言い知れぬ痛みのある任務につくことになる。三四三空に

手前は三〇一飛行隊の飛行長、菅野直の紫電改 A15号機

も特攻の話が来たが、三四三空の志賀飛行長は「まず上級将校から特攻するべきで、下士官兵を先にやるつもりなら絶対反対である」という意見を毅然と表明し、以後三四三空には特攻の話はこなかったという。

しかし、このころの防空戦闘は強敵のヘルキャットやコルセア、それらの戦闘機に護衛された頑強な「空飛ぶ超要塞」重爆撃機B‐29という難敵ばかりを相手にしており、どちらにしろ死の危険が付きまとった。結局、三四三空〝剣部隊〟も終戦間際にはこれらの難敵を相手にジリジリと損耗しながら苦闘することになり、戦局を打開することはできなかった。

ちなみに、紆余曲折あって剣部隊に入隊した宮崎勇飛曹長は、終戦間際に敵機と勘違いされて対空砲で撃墜されて負傷、そのまま終戦となっている。これは紫電改の太い胴体が遠目にヘルキャットそっくりに見えるためで、戦艦大和に誤射された機もあったそうである。

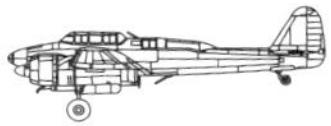

【復活の戦闘機よ、月夜に輝け】
夜間戦闘機〝月光〟

双発重戦闘機の錯誤

第一次大戦と第二次大戦の間、戦間期と呼ばれる時代は、大規模な戦乱はなかったものの、第一次大戦の経験から各国は新兵器の開発を進めていた。

そうして生まれた新兵器の中に「双発重戦闘機」があった。

これは2発のエンジンを積んだ中型機に重武装を施すという構想である。

まだ大馬力の単発機用エンジンがなかった当時、エンジンを2発積んだ双発機は、単発機に比べて速度、パワー、航続距離で勝っていた。いざ開戦となるや爆撃機編隊とともに勇躍敵基地に攻め入り、爆撃機が地上攻撃を行う間はこれを護衛し、逆に敵爆撃機が攻めてきたら

夜間戦闘機〝月光〟

【SPEC】［全幅］17m［全長］12.13m［最高速度］535km/h［武装］20mm機銃×2または×3［乗員］2名

その重武装で巨大な重爆撃機ですら撃墜してしまうのだ。双発重戦闘機は機体が大柄な分、様々な用途に使える可能性があり、爆弾を搭載すれば軽爆撃機に、スピードを活かせば偵察機としても使えるなど、まさに新時代の航空機として大いに期待されていた。

この手の機体として最も有名なものはドイツのＢｆ１１０重戦闘機だろう。Ｂｆ１１０は強力な武装を備え、あらゆる敵機を撃墜する「駆逐機」として期待されていた。

そしてこれも有名なエピソードなのだが、いざ第二次大戦が始まってみると、その時すでに進歩していた単発戦闘機の軽快な運動性についてゆけず、いい標的になり、バタバタと撃墜されてしまった。Ｂｆ１１０は結局、

ドイツの双発戦闘機「メッサーシュミット　Bf110」

日中に堂々と敵単発機と戦うことができず、その重武装を生かして敵の夜間爆撃に対抗する夜間戦闘機となるのである。

この双発重戦闘機の開発は日本海軍も行っており、これを十三試双戦といった。

日中戦争の戦訓

日中戦争を戦う日本軍は、中国大陸の広さに困り果てていた。

近代兵器の質では勝ってはいたが、広い大陸を利用して奥地に逃げながら戦う中国軍を撃破するのに手を焼いていたのだ。そこで大陸に展開していた部隊から「爆撃機の長距離爆撃任務に随伴して護衛ができ、高速で偵察ができ、戦闘機隊の先導役も務まる戦闘機」の要望が届く。その要望に応えるための

十三試双戦は戦闘機としてではなく、二式陸上偵察機として採用される。

計画が動き出したのが昭和13（1938）年であり、この計画による試作機は「十三試双発陸上戦闘機」とされた。

十三試双戦の試作を任されたのは、中島飛行機である。

実際の製作が始まったのは昭和14年になってからで、最初に主務を務めた中村勝治技師が過労で倒れ、後任の大野技師が引き継ぐなどトラブルはあったものの、初めての試みである割には比較的順調に開発は進んだ。昭和16年2月には試作第一号機が完成。テスト飛行を繰り返した結果、十三試双戦は海軍の要求をすべて満たしていることが判明した。長い航続距離、零戦より速い速度、要求数値をほぼ満たした上昇力。3人乗りで航法や通信もバッチリだ。綿密な試験を何度も繰り返した十三試双戦は、しかし、「仮に採用しても、戦闘機としては使えない」と判定されてしまう。

これはドイツのBf110が実戦でコテンパンにやられた理由と同じ、進歩した単発機に対して運動性で劣っていたからだ。速度や航続距離もそれほど大差ないとなると、敵戦闘機と遭遇すれば必ず落とされてしまう。

相手が中国軍ならまだしも、はるかに優れたアメリカの戦闘機相手に勝てるはずがない。ましてや日本海軍には重爆に随伴できるほど航続距離があり、運動性も世界トップクラスの零戦があった。もはや十三試双戦に活躍の場はなかったのだ。

とはいえ機体そのものがボツになってしまったわけではない。

十三試双戦は航空機としては速く、運動性も双発機にしてはよく、航続距離も長い。戦闘機としては期待に応えられなかったが、優れた機体であることには変わりなかった。

そこで十三試双戦は新たに偵察機に生まれ変わることになり、「二式陸上偵察機」として制式採用された。この機体に関する華々しいエピソードはあまり残っていない。各地に配備され、地味に活躍したそうである。

二式陸偵と寝不足と小園大佐

太平洋戦争がはじまり、日米の航空部隊が激突していた昭和17（1942）年のソロモン方面。互いの基地に激しい攻撃を加えていた日米両軍だが、その中でもアメリカ軍は日本軍の航空部隊にダメージを与えるため、心理戦を仕掛けてきた。

昼間の過酷な戦いで疲れた搭乗員が眠りにつく時間を狙って、少数の爆撃機で飛来。時間をかけてまばらに爆弾を落として飛び去る。続いて再び少数の爆撃機の編隊が後を受けるように飛んできて、また時間をかけてまばらに爆弾を落とすのである。どこがいつ吹き飛ぶかわからないような状況の中、熟睡などできるはずもない。これが何日も続くと、尋常ではない心理的、肉体的ダメージを受けることになった。

夜間の空爆への対抗策を考案した小園中佐（左）

本来このような攻撃を防ぐには夜間戦闘機が必要だが、日本軍は通常の戦闘機しか持っていなかったため反撃できない。敵爆撃機に対しては、基地の高射砲が砲弾をばらまいて敵機をけん制するのが定石だが、暗闇で当たりもしない攻撃をすれば、かえって隠してある対空砲座の位置がバレてしまうため、撃ちたくても撃てない事情もあった。

この敵の執拗な嫌がらせ攻撃（もちろん通常の爆撃にも）に業を煮やして、対抗策をひねり出したのが、第二五一航空隊司令の小園大佐（当時は中佐）である。小園大佐は夜間攻撃に現れるアメリカ軍のB‐17をなんとか落としてやろうと頭をひねった結果、あるアイデアを思いつく。偵察用に配備されていた二式陸上偵察機の後席を臨時に改造し、20ミリ機銃を斜め前方30度に固定して設置したのである。つまり偵察機の背中から、斜め前方に向けて撃てるようにしたわけだ。

このような機銃の配置は「斜銃」と呼ばれ、古くは第一次大戦中にも使われた。

通常の前方に機銃をつけた戦闘機は爆撃機や飛行船など、大型の目標を攻撃する際、敵機の後ろについて攻撃するか、前方や上方から突っ込みながら攻撃するのが普通である。

しかし、真後ろから撃つと敵の投影面積が小さくて撃ちにくいし、前方や上方からだと射撃のチャンスが一瞬しかない。だが、斜銃を使って敵の斜め後方下から撃てば、狙うべき敵の投影面積は大きいし、同じ方向に飛んでいるので射撃可能時間は長い。また、敵の死角に入りやすかった。とくに周囲が暗い夜間戦闘では、暗い地上に紛れる下方の方が身を隠しやすく、反対に少し明るい空が背景になる上方にいると、陰影が浮き立って見えやすいのである。

小園大佐の改造二式陸上偵察機は、夜間爆撃にきたB‐17やB‐24を見事に返り討ちにした。

この成功によって夜間戦闘機の必要性とあるべき姿を確信した小園大佐は、内地に飛んで帰り、二式陸上偵察機を夜間戦闘機にするというプランを各方面に説いて回った（ちなみに海軍の分類では対爆撃機用夜間戦闘機を「丙戦」と言った）。

しかし、「夜戦で機銃を斜めに配置して敵爆撃機を落とす」と急に言われても、意図がよく

操縦席の後方に斜銃を装備した月光

わからず困惑する者が多かったようである。小園大佐は関係者の間では気性が激しく、少々奇人めいた人物として知られていたという。そうした人物が奇妙なアイデアを主張し出したわけだ。関係者を集めた会議で小園大佐案をどうするか検討された結果、「まあとりあえずやらせてみる」という煮え切らない結論が出た。

小園大佐にしてみれば許可さえ出ればこっちのものだ。早速二式陸上偵察機に改造が加えられ、上向きに2門、下向きに2門の20ミリ機銃が装備され、二式陸上偵察機は新たに夜間戦闘機「月光」として蘇った。昭和18（1943）年の秋のことである。

月夜の活躍

月光が最も活躍したのは日本本土を守る本土防空戦においてである。

アメリカ軍は日本本土爆撃のため、B‐24、B‐17、B‐29といった爆撃機を次々に送り込んできた。当時のアメリカ軍は日本

対空用航空機レーダーを追加装備した月光

軍が夜間戦闘機、しかも斜銃などという奇抜な兵器を装備しているなどとは夢にも思っておらず、夜間の低高度爆撃を仕掛けてきた。横須賀や厚木には月光を装備した部隊ができており、関東を守る激しい迎撃戦が行われ、一晩に4、5機もの爆撃機を撃墜することもあった。アメリカ軍は最初のうちは何に撃墜されているのかもわからなかったという。

月光の方も改良が繰り返され、下方攻撃用の斜銃は使わないので取り外され、機首に対空用の航空機搭載レーダーも組み込まれた（ただしこのレーダー、日本のレーダー技術の遅れと搭乗員の訓練不足であまり使えなかったようである）。

ドイツ軍のＢｆ１１０も双発重戦闘機として生まれたのち実戦で単発戦闘機にかなわないことが判明し、その後夜間戦闘機となり、さらにレーダーを装備して高性能夜戦となった経緯があるが、月光も似たような経緯をたどったわけだ。

ただし月光の場合、1万メートルを超える高高度を飛行するB - 29という厄介な敵と戦わなければならなかった。B - 29が高空を飛来すると実用高度が7000メートルほどの月光では追いすがることができない。一方、B - 29もあまり高度が高すぎると爆弾の命中率が落ちるため、低高度で侵入する作戦が行われることもあった。月光は終戦まで戦い続けたが、敵爆撃機の圧倒的な数に押され、東京を守りきることはできなかった。

終戦が決定した際、月光の発案者の小園大佐はこれを頑として認めず、天皇と国体を守るのだと檄文を撒いて猛反発し、指揮下の部隊を日本海軍連合艦隊から離脱させて反乱を起こしかけた（厚木航空隊事件）。結局、小園大佐は「急病」で入院する羽目になり、この計画は頓挫する（この「急病」に関しては毒物を撒かれたという説がある）。

小園大佐は軍法会議で終身刑となったのち、段階的に減刑され、最終的に釈放されて故郷の鹿児島に戻り静かに暮らしたそうである。

月光は双発重戦闘機が新時代の兵器になるという錯誤のもとに生まれ、偵察機に生まれ変わって働き、さらに夜間戦闘機として本土防衛にあたるという流転の人生を過ごした。

今ひとつ地味な印象のある本機だが、太平洋戦争の初期から終焉まで様々な形で戦い続けた機種のひとつである。

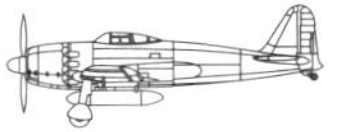

【ゼロ伝説よ、甦れ！】海軍十七試艦戦〝烈風〟

堕ちた伝説

日中戦争から太平洋戦争序盤、海軍の艦上戦闘機〝零戦〟はアジア太平洋戦線において、まさに無敵の戦闘機だった。

いくら零戦に攻撃をかけても身軽にかわし、どんなに逃げても零戦は後ろにピタリと張り付いてくる。それに加えて長大な航続距離を持ち、思いもよらぬ場所まで進出してくる。あまりの高性能に「そんな飛行機はいるはずがない」と実在まで疑われた伝説の名戦闘機だった。

しかし、太平洋戦争も中盤以降はその伝説にも陰りが出てくる。

ひとつには一撃離脱を中心とした対零戦用の戦法が編み出されたこと、アメリカ陸海軍が

艦上戦闘機〝烈風〟

【SPEC】［全幅］14ｍ［全長］10.98ｍ［最高速度］624km/h［武装］13mm機銃×2、20mm機銃×2、30kgから60kg爆弾×1［乗員］2名

次々に新型戦闘機を送り込んできたこと、日本の搭乗員育成が間に合っておらず、ベテランが戦死しても補充できなかったことなどが原因に挙げられる。

この、伝説の始まりから没落までの浮き沈みがあまりにも激しかったことから、日本海軍内でひとつの大問題が発生していた。

零戦の後継機の開発が遅れていたのである。

開戦劈頭《へきとう》、あまりにも零戦が大車輪の活躍を見せたため、海軍内では零戦に頼り切る風潮があった。数手先を読んで、つまり、敵が零戦に対抗する機種を繰り出してくることを見越して、その仮想の敵機よりさらに強い戦闘機を準備しておく努力を怠ったのである。

そうこうしているうちに、アメリカ軍はヘルキャット、コルセア、ムスタングなどの高性能機を次々と繰り出してきた。しかし、そのときに日本海軍は新型戦闘機を出せる状態になかった。結局、戦争後半でも、零戦は前線で戦ったが、遅く、脆い単なる旧式機と化してしまったのである。

出遅れた十七試艦戦

昭和17（1942）年4月、零戦では今後に不安があるということで、ようやく次の艦上戦闘機の要求仕様をまとめる会議が開かれた。仕様要求から試作、戦力化まで、順当にいっても3年はかかると見られた。本来であれば、数年前にやっておかねばならない会議である。ともかく、その会議は紛糾したという。

速度を重視する横須賀航空隊と格闘戦能力を重視する海軍航空技術廠《しょう》実験部の意見が対立し、戦闘機のアウトラインもまとまらない。結局、双方の顔を立てて、空戦フラップを活用して格闘戦能力を保ちつつ、最高速度も向上させる、という案でまとまった。これをまとめたと言っていいのかわからないが、この案も実現できる可能性があった。日本でも2000馬力級エンジンが開発されていたからである。

外見が無骨で、どう見ても頑丈さと馬力しか能がなさそうに見えるアメリカのF6Fヘルキャット戦闘機が実は意外な運動性能を持っていたのも、2000馬力級空冷エンジンの傑作プラット&ホイットニーR2800エンジンの有り余るパワーがひとつの要因だった。

グラマンF6Fヘルキャット

ちなみにこのF6Fヘルキャットが太平洋戦争前からすでに開発が始まっていたことは特筆に値する。一部では「零戦に対抗するために開発された」と誤解されているが、実際には零戦が太平洋戦争に出現する前から開発が進められており、完成した機体を零戦に対抗させるため増産し、その高性能で零戦を圧倒したというのが実際のところである。このような動きを、零戦完成と同時に日本海軍も先手を打って行っておくべきだったのだ。

ともかく2000馬力級エンジンが完成すれば、速度も速く運動性抜群の戦闘機を作るのも夢ではない。ところが、今度は製作を担当する三菱と海軍の間で一悶着あった。三菱は自社開発の新型エンジンMK9Aを使いたがったのに対して、軍としてはすでに完成間近だった誉エンジンを使いたかったのである。

海軍としてはまだ開発中のMK9Aより、ほぼ完成している誉エンジンの方を使いたがったのも無理はない。機体も未知数、エンジンも未知数ではリスクが大きすぎるのだ。結局ここは発注側である海軍の意見が優先され、三菱側が折れることで新型艦上戦闘機「十七試艦戦」のアウトラインはまとまった。

迷走の開発

三菱が誉エンジンを嫌がったのは、当時の誉（中島製NK9H）の馬力が1800馬力であり（のちに改良されて2000馬力級エンジンとなるが、当時は2000馬力に届いていなかった）、自社のMK9Aが2000馬力出せると見込まれていたからである。

速くて運動性のいい飛行機を作るなら、エンジンは強いに越したことはない。三菱側の意見はもっともだった。

結局誉エンジンを使うことになる十七試艦戦だが、もちろんエンジンだけ強力でもダメである。機体設計は零戦と同じく堀越技師が主務としてあたった。

十七試艦戦に要求された性能は最高速度時速639キロメートル、6000メートルまで6分以内に到達する上昇力、自動空戦フラップにより翼面荷重を下げ、格闘戦能力は零戦と同等

烈風を正面から見た写真。機首はほっそりとしている。

以上を目指す、といったものである。

しかし、試作機の製作は難航した。ただでさえ新型機の試作は時間がかかるのに、工場も技師も現在生産中の機体の生産、改良に追われており、人手が全く足りなかった。それでもなんとか試作機が完成したのは昭和19（１９４４）年4月であった。

まずエンジンは小口径の誉エンジンを使うので機首が太くなることはない。さらに雷電で使ったように機首に強制冷却ファンを埋め込み、先端を引き絞る構造とした（冷却ファン付き誉エンジンが新たに開発された）。運動性を確保するために主翼が大きくなり、機体自体も大きく重くなった。十七試艦戦は零戦を大型化させたような機体となり、零戦になれた搭乗員をギョッとさせた。敵艦を魚雷攻撃する3人乗りの九七式艦上攻撃機に匹敵する大きさで、本当に格闘戦ができるのか心配されたが、社内テストで飛んでみると驚くほど安定して素直に飛び、再調整が必要な箇所が見当たらないほどだった。

だが、肝心の速度と上昇力がまったく要求性能に届いていない

烈風を側面から。スマートな機体だった。

という大問題が発覚した。

これはお決まりの誉エンジンの不調によるもので、機体設計時に出せる前提で計算した馬力に届いておらず、結果として計算していた性能も発揮できなかったのだ。

三菱側で調査した結果、原因が誉エンジンであることは確実だったが、海軍側がなかなかそれを認めず悶着を起こした末、三菱十七試艦戦は不採用となってしまう。怒った三菱側と堀越技師が「それならウチのMK9Aエンジンで作り直す！」と言い出し、試作機を作り直すことになった。

このため後に「烈風」と命名されるこの機体、大きく分けて「試製烈風」と「烈風」の2機種に分かれている。両機の違いはもちろんエンジンだが、強制冷却ファンを取り外したため機首の形状もわずかに違う。

この作り直したバージョンの十七試艦戦、三菱社内でテストしたところ海軍の要求値に近い性能を実現した。これを海軍側でもテストして確認すると、海軍は手のひらを返して十七試艦戦を採用すると言い出し、これが零戦の後継機となる「艦上戦闘機〝烈風〟」となるのである。

真に世界無敵なり

完成した烈風はまさに、当時の世界の新鋭戦闘機と互角に渡り合える性能を持っていた。局地戦闘機のように速く、零戦のように格闘戦無敵、テストパイロットの所見でも「甲戦（陸軍でいうところの軽戦闘機）としても乙戦（陸軍でいうところの重戦闘機）としても優秀」と太鼓判を押され「現在世界無敵の戦闘機」と評価されている。つまり敵戦闘機と格闘戦をしても、敵爆撃機に食らいつく局地戦闘機としても優秀な万能戦闘機となったのである。

では、この烈風、どのような戦果をあげたのであろうか。

実は烈風は結局一度も実戦に出ていない。いよいよ量産が可能かという時期にＢ‐29による爆撃が激化、工場が爆撃され思うように生産ができなくなったのである。結局、烈風は量産できず、８機の試作機が作られたのみであった。

では、もし烈風が量産されていれば戦局に影響があったのだろうか。

歴史に「もしも」はないが、仮に量産できていたとしても、戦局を逆転させられたかどうかは疑問符がつく。

アメリカ軍が用意していた新型戦闘機 F8F ベアキャット。圧倒的な性能だった。

たとえばエンジンは烈風復活の大きな要素だったが、あの誉エンジンだって、丁寧に作って整備してやれば無類の高性能エンジンだった。それが量産して数が増えてくると、生産も整備も品質が追いつかなくなり、まともに動かない欠陥エンジンと成り果ててしまった。三菱ＭＫ９Ａエンジンも、社内でじっくり作った個体ならまだしも、量産した結果が誉と同じにならないとは言い切れない。

ではエンジンがまともだったとして、戦闘機としてはどうか。

速度や旋回性など一長一短があるが、ヘルキャットやコルセア、ムスタングといったアメリカ機と、ほぼ同性能なのは間違いない。しかし、根本的な問題として、当時の日本にはすでにまともに動ける大型空母はなかった。そのため、烈風は艦上戦闘機ではなく、局地戦闘機とされていた。

さらに、これはこの項の最初にもある問題なのだが、烈風が試作されていた時期、すでにアメリカ海軍は新型戦闘機Ｆ８Ｆベアキャットを空母に積んで日本に向かっていた。本土侵攻作戦のためである。

ベアキャットは重く頑丈に作ったヘルキャットから贅肉を削ぎ落とす方向で設計された機体で、なんと零戦の２倍の馬力を持ちながら、零戦より機体が小さい。無骨で装甲車のようなヘルキャットに対し、エンジンの馬力や防弾性能、運動性能はそのままに、レーサー機のような外見となっている（実際にレーサー機に改造された機体もある）。

ベアキャットは日本の降伏によって実戦に出ることはなかったが、その性能は戦後もジェット戦闘機が主流になるまでは通用したのではないかと見られている。つまり、またしてもアメリカに先手を取られていたのである。

結局のところ、烈風が首尾よく量産できたとしてもライバルはより強力なベアキャットとなっていた可能性が高く、やはり苦戦を強いられた可能性は否定できないのである。

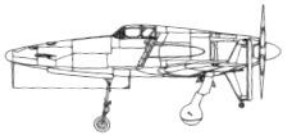

【幻の推進式戦闘機】海軍試作戦闘機〝閃電〟と〝震電〟

牽引式の欠点

レシプロエンジン機に限らず、ジェットエンジンから回転力を取り出すターボプロップエンジンであっても、プロペラ機の推進力を生み出すのは結局のところ回転するプロペラである。

さて、あなたがもし飛行機を設計するとして、機体のどこにプロペラをつけるだろうか。

これは実は飛行機黎明期からの大問題で、どこにプロペラをつけるのが最も性能が良くなるのか、数々の試行錯誤がなされてきた。双発機などエンジンナセルが機体から独立して主翼についている機種ならともかく、多くの単発機（や胴体内にエンジンを2発搭載しているごく稀な双発機）の場合は、プロペラを取り付けるのは機体の前か後ろということになる。

【SPEC】［全幅］11.114ｍ［全長］9.76ｍ［最高速度］750km/h（計画値）［武装］30ミリ機銃×4［乗員］1名

我々がよく見るプロペラ機は、プロペラが機体の前についている。大半の日本軍戦闘機もそうだ。この方式は前部のプロペラで機体を引っ張るため「牽引式」と呼ばれている。

牽引式にはいくつか長所があるが、ひとつは離着陸時に機首上げの姿勢が容易にとれることである。飛行機は着陸時には機首をあげて速度を落としつつ揚力を保つ必要がある。回転するプロペラは地面に当たったら破損してしまうので、機首上げ姿勢で着陸できるとやりやすいのだ。

これは滑走路がより短くて済むということでもあり、飛行機を一連の移動、または戦闘システムとみなした時、決して見過ごせない大きな利点であった。また、自分で起こした風が自分にあたる牽引式では、地上での運転でもオーバーヒートしにくいという利点もある。

ただし戦闘機としてみた場合、牽引式には明確な欠点があった。

そのひとつは最も狙いがつけやすい機首に機銃を取り付けた場合、当然ながらプロペラの回転面を銃弾が通過できるようにする工夫が必要であること。当たり前だがなんの工夫もなく機首に機銃を取り付けて撃ったら、自分で自分のプロペラを撃ち飛ばしてしまう。この問題の解決には、戦闘機が誕生した第一次大戦時から数々の技師が頭を悩ませた。プロペラに頑丈な跳弾板を取り付けて、当たった銃弾を力ずくで跳ね飛ばすようにした技師もいた。だがもちろん、どこに飛んでいくかわからない銃弾が多数出ることになるし、機材の故障も心配である。またある者はプロペラの前に機銃手席を取り付けて、プロペラの前に乗せた。万が一着陸に失敗したら、ミンチになりながらエンジンに押しつぶされる悪魔の座席である。

単純に回転面を避けて機銃を設置した例や、モーターカノンと言ってプロペラの回転軸の中心を中空にして、そこから銃口を突き出すというやり方もある。

だが、結局普及したのはやはり正攻法というべき方法で、プロペラの回転と機銃の発射タイミングを同調させ、プロペラの羽の隙間に銃弾を通すプロペラ同調装置だった。しかし、プロペラ同調装置を使うとどうしても機銃とプロペラの繊細な調整が必要で、思うままに機銃の数を増やしたり大口径砲を積んだりすることができない。

牽引式には他に、どうしても機首部分がエンジン搭載のため形状が膨らむので、特に空冷エ

コクピットのすぐ後ろにプロペラがある、推進式のプロペラ機「エアコー DH・2」

ンジンの場合は空気抵抗が増えて速度を出しにくい、という欠点があった。

もうひとつのプロペラ機「推進式」

推進式とは文字通り、機体の後部にプロペラを装備して機体を押すやり方である。利点と欠点は概ね牽引式と反対となり、離着陸時に機首上げがしにくい（後部にプロペラがあるので尾部を下げられない）などの欠点がある一方、機首に好きなように武装を搭載でき、機首をいくらでも流線型に整えて空気抵抗を軽減することができた。

第一次大戦機にもヴィッカース・ガンバス、エアコーDH・2などの推進式戦闘機が活躍していた（ただしこれらの機体は操縦席のすぐ後ろ、フレームの真ん中にプロペラがあり、機体の後部にプロペラがついているわけではない）。しかし徐々に廃れ（空気抵抗が激しいフレームむき出しの機体が使われなくなった）、第二次世界大戦時には活躍して名機と呼ばれるような推進式戦闘機は誕生していない。もっとも、研究だけは行われていて、アメリカではXP‐54スウースグース、XP‐55アセンダー、XP‐56ブラックバレットという推進式の試作戦闘機が、ドイツでもヘンシェルP・75という計画機が存在し、スウェーデンでもサーブ21という戦闘機が開発され、これは戦後に改設計されてある程度量産されている。イギリスでも戦間期にヴィッカースタイプ161という試作戦闘機が、戦時中もハンドレページ・マンクスという実験機が作られている。

このようにエンジン馬力が同じなら、より速度が速く武装が強力にできる可能性がある推進式戦闘機には捨てがたい魅力があり、なんとかものにしようという努力は止むことなく続けられていた。

起死回生の局地戦闘機

昭和18（1943）年か19年ごろと戦時中のテストパイロット小福田《こふくだ》皓文《てるふみ》氏は回想するが、悪化しつつある戦局を打開するため、海軍ではどんな珍案奇案でも良いから新兵器のアイデア

アメリカ軍が第二次大戦中に開発していた推進式レシプロエンジン機「XP-54」

を募ろうということで、趣旨説明会を開催した。集まったアイデアから優れたものを選んで研究しようという訳である。

この時に提案されたアイデアの中に、三菱の佐野栄太郎技師によるアイデアがあった。

この案は「局地戦闘機〝閃電〟」として知られている。その機体形状は日本軍機としては類例のない特異なもので、紡錘形の胴体と推進式に取り付けられたプロペラ、主翼から梁が伸びて尾翼を支える構造など、戦闘機としてはあまり類例のない形状をしていた。これは海外ではスウェーデンのサーブ21やアメリカのXP-54と同じ形態であり、まったくトンチンカンなデザインではない。

同じ形態の戦闘機は、陸軍の指示で満州飛行機製造でも「キ98」として計画されており、もし完成していれば、海軍の閃電と陸軍のキ98が同時にお見えしていたかもしれない。

しかし、結局どちらも実機の製作までには至らなかった。人的にも資源的にも乏しい中、あまりに多様な試作機、実験機を作ることはできず、整理統合が行われ、どちらも開発中止になったのである。

ただし、閃電については、もっと計画が進んでいた推進式戦闘機があったため、整理統合の対象になったという側面もある。その戦闘機が震電である。

B－29を屠る最強の雷

震電（J7W1）は海軍の鶴野正敬技術士官のアイデアによるもので、閃電が推進式の機体の主翼から後ろに梁を伸ばして尾翼を支える構造にしたのに対し、震電は通常の牽引式プロペラ機を後ろ向きにしたような構造、すなわち尾翼にあたる翼を機首に、主翼を胴体後部に配したのである。この形式はエンテ型と呼ばれ、機首の小翼は先尾翼またはカナードと呼ばれる。

先尾翼は普通の尾翼のように機体の姿勢制御に関わるが、通常の尾翼が不用意に機体が機首下げ姿勢にならないように揚力の発生を抑えているのに対し（機体自体を尾翼がなければ下を向くように設計し、尾翼に下方向の揚力を発生させて重心位置を中心に機首が上むきになる力

機体後部に６翅のプロペラが付いた震電。日本軍の中では異質なデザインだ。

が加わることで、機体のバランスを取っている。このバランスを変えることで迎え角を変更している（重心位置より前に先尾翼があるため、機首を持ち上げるのに上向きの揚力が必要になる）。そのため主翼を小さくコンパクトにできるという特徴がある。

理屈の上では震電は同じ馬力のエンジンを積んでいる牽引式の戦闘機に速度や上昇力、火力で勝り、なおかつコンパクトだということができる。

具体的には２０００馬力級エンジンを積んで、最高速度時速７５０キロメートル（高度８７００メートル時）、上昇力８０００メートルまで10分40秒、実用高度１万１０００メートル、武装は30ミリ機銃４門という強力なもので、完成していればあのＢ‐29でさえバッタバッタと撃墜していたことだろう。

ただし、同時に懸念材料もあった。例えば搭乗員

戦後、アメリカ軍に接収された震電。現在は機体の一部が博物館で展示されている。

の脱出時はどうするのか。

　後部に高速回転するプロペラがあり、しかも当時の大半の飛行機には射出座席はなく、脱出時はパラシュートを抱えて機外に這い出して飛び降りなければならない。無論そのまま飛び出せば自分の機のプロペラに巻き込まれてバラバラにされてしまう。この問題はプロペラを爆砕ボルトで固定し、脱出時にプロペラの固定部分を破壊して飛散させることで解決しようとした。

　また、常に冷たい気流に当たっていなければならない空冷エンジン搭載を予定していた本機の、エンジン冷却不足をどう解決するつもりだったのか、詳細はよくわからない。一応強制冷却ファンと空気取り入れ口があり、エンジンに気流があたる構造にはなっているが、使用環境によっては冷却不足になったのではないだろうか。

　震電の機体は手すきだった九州飛行機で作られた。独特の6翅プロペラに、プロペラを地面にぶつけないように配慮された前輪式着陸脚（尾部ではなく機体前部に着陸脚を取り付ける方式。現代のジェット戦闘機では主流である）など、日本機としてはかなり異色の機体だった。

試験飛行は鶴野技術士官本人の手によって行われた。しかし、操縦しなれない推進式の機体のため、滑走時に機首を上げすぎてプロペラ先端が滑走路に接触し破損してしまった。その修理に時間が取られたことと、試作機の完成が終戦間際の昭和20年6月、初飛行が8月3日（7月末という証言もあり）だったこともあり、結局3回ほど簡単な飛行をしただけで終わってしまったという。まだ試作機ということもあり、飛行時には2000馬力級ハ43エンジンのパワーのせいでトルクに引っ張られ右側に傾きながら飛んでいたという。

戦後進駐してきたアメリカ軍は震電に興味を持ち、機体を接収して本国に送っている。しばらくの間分解された状態でアメリカ国立航空宇宙博物館の倉庫で保管されていたが、現在、震電の機体はアメリカのウドバーハジィ・センター（航空宇宙博物館別館）で胴体前部のみが展示されている。

ちなみに震電にはジェット機化の計画があったとされている。ジェット機と同じ前輪式着陸脚、後部にジェットエンジンと噴射口が設置可能な機体構造など、時間と資材があればジェット震電ができていたかもしれない。しかし、日本には現実問題としてゆとりはなかった。ジェット機化計画は夢想に近いアイデアにすぎず、具体的には何も進んでいなかった模様である。

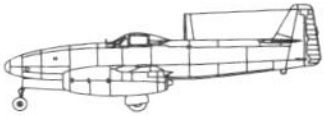

【次世代への布石を打て！】

ジェット戦闘爆撃機〝橘花〟と〝火龍〟

レシプロ機の限界

第一次大戦、第二次大戦とも、そのほとんどの戦場で使われていた戦闘機はレシプロエンジン機、すなわち通常のガソリンエンジンでプロペラを回し推進力を得る飛行機だった。レシプロエンジン機は当時の工業技術レベルでも無理なく作れるため、それを作るのは当然ではあるのだが、一方で飛行機に使うには原理的な欠点が多かった。

まずひとつは上下するピストンが振動を生じやすいこと。構造が華奢で空中に浮いている飛行機は、地面に置いてある自動車などよりさらに振動に弱い。

ふたつめは高度が上がり空気が薄くなると馬力が落ちること。これを防ぐために動力を使っ

ジェット戦闘爆撃機〝橘花〟

【SPEC】［全幅］10ｍ［全長］9.25ｍ［最高速度］785km/h［武装］30mm機銃×2［乗員］1名

て空気を吸い込む過給器を設け、さらに過給器が圧縮した空気を冷却する冷却器まで載せなければならなかった。

そして戦闘機に使う場合の最大の問題は、原理的に最高速度が制限されることだった。

プロペラというものは速く回したからといってそのぶん推進力が出るわけではない。プロペラは速く回転させすぎると、プロペラの羽の表面から衝撃波が発生し、却って推進力が出なくなる。

レシプロエンジンのプロペラ機の最高速度は、現代までで最も速い機種でレーサー機（Ｆ８Ｆベアキャット戦闘機改造のレアベア号）の出した時速８５０キロメートルで、重い武装をつけなければならない戦闘機ではさらに遅くなる。これはプロペラ機の原理的な弱点で、工夫でなんとかなるというものではなかった。

では、プロペラ以外の方法ではどうか。実用性を考えた時、最も次世代の動力源として有望とみられたのがジェットエンジンだった。

次世代機の要「ジェットエンジン」

ジェットエンジンが機体を飛ばす原理はプロペラとは違う。

プロペラがいわば進行方向へ向けて揚力を発生し、後方へ気流を蹴り出して機体を進ませるのに対し、ジェットエンジンは吸い込んだ空気を圧縮して燃焼、爆発的に膨張した燃焼ガスを噴射口から吐き出してその反作用で前進する。

吐き出す力が強ければ、プロペラのような原理的障害もなくそのぶん速度も速くなるので、原理的には音速を超えるのも夢ではない。

また、ピストンのような重くて上下運動をする部品もないため振動は少ないし、エンジンの構造そのものが空気を吸い込む過給器なので過給器も不要、出せる馬力に対するエンジン本体の重さもレシプロエンジンより軽くなるはずだ。まさに飛行機にぴったりのエンジンである。

しかし、ジェットエンジンはあるひとつの決定的な問題のため、なかなか実用化できなかった。作るのがあまりにも難しいのである。

アンリ・コアンダが開発したジェットエンジン搭載機「コアンダ1910」

歴史的には、ライト兄弟の初飛行（1903年）からわずか7年後の1910年にはルーマニアの発明家アンリ・コアンダによって、最初のジェットエンジンを搭載した飛行機コアンダ1910が作られている。

ただしこの機体が飛ぶことはなかった。ジェットエンジンは原理的には作れることはわかっていたが、実現するには高い壁が立ちはだかっていた。

一番の問題は、空気を圧縮する圧縮機の回転力をエンジン本体から取り出すには、エンジンの噴射ガスでタービンを回さねばならないが、当然タービンの主要部品であるタービンの羽（タービンブレード）は高温の燃焼ガスを浴びながら高速回転をし続けなければならない。その過酷な使用環境に耐えられる金属部品がなかったのだ。

初期の実験的なジェット機では圧縮機を回すために別にレシプロエンジンを積んでいるものもあった（イタリアのカプロニ・カンピニN・1など）。たしかにこれなら高性能な耐熱タービンはいらない。しかしこれでは、ジェットエンジンの利点のいくつかが損なわれてしまい意味がない。

地道な研究は1930年代も続き、空を飛べるジェット実験機が誕生したのは1939年のこと、ドイツのハインケル社製He178が世界初のターボジェットエンジンによる飛行を成し遂げた。しかし、問題は解決しておらず、速度も期待されたほど出せず、エンジンの耐久力がなさすぎて10分飛ぶのが限界だったとされている。

イギリスとドイツと日本

ジェットエンジンの研究で先行していたのはドイツとイギリスである。ドイツはHe178によって世界初のジェット機を生み出した国となったが、戦闘機のエンジンとして実用可能なレベルのジェットエンジンを作るのに苦労していた。

ドイツが挑んでいたのは「軸流式ジェットエンジン」と呼ばれるもので、何重にも重ねた羽根車で吸い込んだ空気を圧縮して燃焼室に送り込む方式である。これは効率はいいが構造が複雑で、完成させるのが難しいエンジンだった。

一方、イギリスではまったく別の「遠心圧縮式ジェットエンジン」が研究されていた。遠心

イギリス軍が開発していたジェット戦闘機「グロスター・ミーティアF1型」

圧縮式ジェットエンジンは、圧縮機内部が行き止まりになっており、そこに設置してある羽根車が高速回転して吸い込んだ空気を外周方向に吹き飛ばして狭い燃焼室前に追いやることで圧縮するエンジンである。構造は比較的単純だが、吸い込んだ空気が方向転換するのでその分効率が悪い。また、構造上直径が大きくならざるを得ず、飛行機のエンジンとしてみた場合、空気抵抗の問題がある。

遠心圧縮式は単に回転力を取り出すエンジンとしては優れていて、現在ではヘリコプターやポンプのガスターービンエンジンとして使われることが多い。しかし、高圧ガスを噴射して反作用で飛ぶ飛行機のエンジンとしては軸流式に劣る。

イギリスはドイツに次いで二番目にジェット戦闘機を配備することになる国だが、その時配備されたグロスター・ミーティアF1型は、速度も遅く運動性も悪く、

ドイツ軍が初の実用化に成功したジェット戦闘機「メッサーシュミットMe262」

高度に進化したレシプロ戦闘機に比べるとあらゆる面で劣っており、「歴史の最初の一歩である」という以外に見るべきところはなかった。

イギリスでミーティアが開発されていた同時期、ドイツでは後に世界初の実用ジェット戦闘機となるメッサーシュミットMe262を開発していた。

Me262はやや後退角のついた主翼に2発のユモ004エンジンを搭載した双発機で、最高速度は時速870キロメートルに達した。レシプロ戦闘機では破格の高速機でも時速700キロ前後だったことを考えれば、比較しようもない恐るべき速さの戦闘機だった。

一方で相変わらずエンジンの耐久力は低く、一気に全開にすると壊れるので、少しずつ加速せねば最高速度に到達できないなど、運用に問題も残していた。しかし、うまく使えば敵爆撃機を護衛する戦闘機を無視して一方的に攻撃できるため、その性能は侮れないものだった。

そのジェット機の研究は日本でも行われていたが、まだ実用云々というレベルではなかった（萱場《かやば》かつをどり等）。

しかし、戦争が始まり物資が欠乏してくると、ジェット戦闘機の戦力化が議論されるようになる。ジェットエンジンはレシプロエンジンと違い、高品質のガソリンがなくても高速性能が期待できる。他にも生産方法さえ確立してしまえば、構造自体はレシプロエンジンよりシンプルなので少ない手間で製造できる、高空に強いなどの利点があり、昭和19年9月、後にロケット機〝秋水〟となるＭｅ１６３ロケット戦闘機の技術資料とともに日本に運ばれてきたＭｅ２６２ジェット戦闘機の資料の一部を元に、国産ジェット戦闘機の開発が始まる。

日本軍のジェット機開発

機体の開発は中島飛行機とされ、海軍型は「橘花《きっか》」、陸軍型は「火龍」とされた。エンジンの方はＢＭＷの資料を元に国産エンジンを開発することになり、これは「ネ20」と呼ばれた。

しかし、Ｂ‐29による激しい爆撃により状況は急激に悪化、高性能戦闘機をじっくり作っている余裕はなくなり、開発が先行していた橘花は早々に特攻兵器となる（名目上は特攻兵器だ

テストを受ける海軍のジェット戦闘機「橘花」

が、高速攻撃機としても期待されていたという説もある）。

特攻兵器となった橘花は極力省資源で製造できることとされ、特に強度が不要な部分はベニヤ板で作られるなど、簡易に作って消費する使い捨て兵器となっていった。

ドイツ側からの資料提供があったのも大きく、わずか1年ほど後の昭和20年6月29日に橘花の試作1号機は完成した。ちなみに激しい爆撃にもはや飛行機の生産工場は使えず、橘花の試作機のパーツは群馬県内に多数あった養蚕小屋に分散してその中で製作され、組み立ても広めの養蚕小屋の中だった。関係者を集めた審査もこの小屋で行われたそうである。

その後燃焼試験の終わったネ20エンジンと組み合わされて、昭和20年8月7日に初飛行が行われた。様子を見ながらの15分ほどの慎重な飛行だった。しかし、11日

調整されるネ20タービンロケットエンジン（現在でいうターボジェットエンジン）

の2回目の試験で離陸に失敗し大破、2号機を準備中に終戦となってしまった。

陸軍型の火龍はまだ設計段階で、ネ20より強力なネ130またはネ230を装備した高速戦闘爆撃機になる予定だった。

興味深いことに同じMe262を元に作られていながら、橘花はMe262より一回り小さく、逆に火龍は一回り大きい。ネ20は非力であり、搭載する機体も小型軽量にするしかなかったので橘花は小さいと言われている。橘花も火龍も完全なMe262のコピーではなく、日本独自の設計による部分も多く、そのためMe262と完全に同じ機体にはならなかった。設計の初期から特攻機として製造されることが決まった橘花と違い、火龍はあくまで重装備の戦闘爆撃機として開発されていた。

Me262は対地攻撃には向かなかった一方、対空迎撃戦では連合軍爆撃機部隊に大きな脅威を与えていた

離陸する「橘花」

ことを考えると、火龍も完成していれば性能的にはB-29相手に大暴れしていた可能性はある。一方で極端な一撃離脱型の高速戦闘機だったMe262が、その繊細で癖のある操作性のせいで一撃離脱になれたドイツ人パイロットでさえ扱いに苦労したことを考えると、すでにベテランが払底していた日本で火龍が戦局を覆すほどの大活躍をしたかは疑問が残る。

ともかく、日本陸軍という組織が本格的に実験機ではないジェット戦闘機を装備しようと開発を始めたのは火龍が最初であり、そして結果的に最後となってしまったのである。

ちなみに戦後日本の自衛隊が初めて装備したT-33ジェット練習機は、昭和20年当時にアメリカ陸軍航空隊で配備直前だったP-80シューティングスターの練習機型であり、もし火龍が完成していればライバルとなった機体であった。

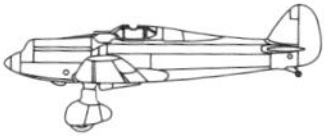

【次世代の空を目指して】陸海軍試作戦闘機

当時の日本の工業技術はどうしても欧米と比べて遅れており、そのことは戦争が長引くにつれて明らかになってくるのだが、だからと言って何もせず指をくわえて見ていたわけではない。日本陸海軍とも盛んに試作機を開発していたのだ。とてもすべては紹介しきれないが、ここではそれらの内のいくつかを見てみよう。

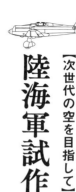

■陸軍　高速液冷機の先駆け「川崎試作単座戦闘機キ28」

昭和10（1935）年の内示により、川崎九五式戦闘機の後継機として、キ27、キ33とともに試作競作に出された試作機である。

「九七式戦闘機」の項にもあるように、結局このコンペはキ27、のちの九七戦が採用されるこ

川崎キ28

とになるのだが、この川崎キ28は当時の日本機としては斬新な、運動性よりも速度を重視した機体で、その姿も驚くほど洗練されていた。エンジンはV型液冷で、のちの飛燕に近いスマートで空気抵抗の少ない機体だった。ただし経験のない引き込み脚を無理に使わず、固定式の着陸脚に整流カバーが取り付けてある。低速時における大迎え角時の翼端失速（翼の先端の気流の流れが乱れて揚力が失われること。事故の原因になる）を防ぐために、主翼の翼端に「捻り下げ」が加えられているのが特徴である。この捻り下げ、実は三菱の零戦の特徴でもある。

川崎の土井技師と三菱の堀越技師が友人だったため、翼端失速に悩む土井にこっそり捻り下げを教えたのが堀越だという。もちろん、本来であればライバル会社の社員と技術情報のやり取りをするなど言語道断で、試験場である各務原飛行場で顔を合わせても、他社の人間と口をきかないのが当時のムードだったという。しかし、同窓だった土

中島十八試局地戦闘機〝天雷〟

井と堀越は平気で談笑していたそうである。

キ28は、その後欧州の戦闘機が大馬力の液冷エンジンを積んだ高速戦闘機となっていくことを考えれば、むしろ欧州の最新トレンドに乗った新時代の戦闘機の原型となったかもしれない試作機だった。しかし、当時の陸軍は軽快に旋回する、格闘戦が得意な軽戦万能主義に陥っており、キ28の将来性に気がつかなかった。もっとも、飛燕の例にあるように、大馬力液冷エンジンの開発と生産に手こずることになっていた可能性も否定できない。

■海軍　B-29キラー「中島十八試局地戦闘機〝天雷〟」

昭和18（1943）年、高高度を飛んでくる敵の重爆撃機を迎え撃つために計画された戦闘機。戦闘機といっても双発の大型戦闘機で、外見は軽爆撃機を思わせる。ただし、双発機にしてはコンパクトな大きさに抑え、結果として翼面荷重が大きくなり離着陸時に揚力が不足がちになった。そのため前縁スラットやファウラー式二重フラップなどの高揚力装置を主翼に組み込んでいる。

海軍の要求としては、20ミリ機銃2門、30ミリ機銃2門、2000馬力級エンジン誉を二発搭載、防弾もバッチリの頑強でパワフルな戦闘機を要望していた。

当時海軍側のテストパイロットだった小福田皓文氏は、このパワフルで武装も防弾もバッチリの新鋭局戦で敵のB-29とやらを仕留めてやろうと意気込み、今か今かと社内テストが終わって引き渡されるのを待っていたそうである。

ところが、例の誉エンジンの大不調によっていつまでたっても完成せず、やっと完成した機体を飛ばして見たところ、なんと速度は遅く、上昇力も低いという、当初の目論見とは正反対の機体に仕上がっていた。これはあれもこれもと盛り込んだせいで機体が重くなったり抵抗が増したのが原因だとされたが、一番の原因は誉が額面通りの馬力を出していないことだったと見られ、いくら策を打っても低性能は改善しなかった。結局天雷は「期待性能を下回ることいちじるしい」として不採用となり、6機の試作機が作られただけだった。

アメリカが双発の高速戦闘機P-38を見事に大成させたのに対し、日本軍の双発戦闘機は今ひとつパッとしない傾向が続いた。

■陸軍　夢の時速800キロ「川崎高速戦闘機キ64」

昭和14（1939）年当時、日本のエンジンの馬力は1000馬力程度であり、戦闘機の速

川崎高速戦闘機　キ64

度や上昇力にどうしても限界があった。そこで昭和15年、軍の重戦闘機開発の要請に基づき川崎では、ダイムラー・ベンツとの技術提携によって国産化することになったＤＢ６０１液冷エンジン（１１００馬力）、つまりのちにキ61〝飛燕〟に搭載されるハ40エンジンを使って、大胆な高速戦闘機を開発する野心的な計画を立案した。

すなわち、ハ40を胴体内、操縦席の前後に2基搭載し、延長軸で回転力を機首に導き、二重に装備したプロペラ、すなわち二重反転プロペラを回すという計画だ。この方法がうまくいけば、両翼に合計２２００馬力のエンジンを搭載した双発機に比べ、前面投影面積（前から見た面積）を押さえられるため、空気抵抗が小さく、しかも液冷エンジンは細長いので胴体もスマートにできる。

つまり大馬力でスマートな、見るからに高速戦闘機な機体となるはずだ。このハ40を串型に配置したエンジンを全体でハ２０１と呼んだ。このような配置ができるのも、シリンダーに気流を当てる必要のない液冷エンジンのなせる技だった。

ハ201は全体で長さが6メートルもあり、一人乗り戦闘機のエンジンとしてはズバ抜けて大きい。最高時速も時速700キロメートルが計画されており、これが実現すれば世界最高の高速戦闘機になる。さらにハ40の改良型ハ140を同じように串型に搭載すれば、時速800キロメートルも出せると見られていた。800キロといえば戦後に至るまでレシプロ戦闘機の世界記録に迫る速度であり、これが実用化されれば他国の戦闘機を圧倒していたに違いない。

また、液冷エンジンの最大の空気抵抗の元、冷却装置を大型ラジエーターに頼る方式から、蒸気式表面冷却という方式に変えた。これは冷却液に高圧をかけながらシリンダー周りを循環させ、十分に熱を奪った後一気に圧力を下げることで蒸気にし、その蒸気を翼表面の冷却装置で液に戻して再び循環させる。戻しきれない蒸気は機外に噴き出して捨てることができた。そのため全力で飛行すると蒸気機関車のように蒸気を吹き出して飛んだという。

ただしこの方式には高速で飛んでいないと冷却の効率が悪い欠点があった。エンジンに挟まれた操縦席は高温になり搭乗員を悩ませ、また、乱暴な不時着をすると前後のエンジンに挟まれて死ぬ恐れがあった。そのため着陸は慎重に行う必要があった。あまりの緊張にテストを担当した操縦手はその日のテストが終わるたびに、飛行場の草地に寝転がってため息をついていたそうである。

キ64は昭和18年に試作機が完成し、テストが繰り返された。しかし、可変ピッチプロペラを別の方式のものに交換するための作業が、作業が行われていた工場が量産エンジンの生産や問題児のハ40、ハ140エンジンの改良作業に手一杯となりスケジュールが遅れに遅れ、ついに改良作業が終わる前に終戦になってしまった。

川西〝陣風〟

■海軍　高性能戦闘機の幻「川西〝陣風〟」

昭和18年、川西に甲戦闘機、すなわち護衛、制空用の軽戦闘機の試作が下命された。

これは川西の紫電、紫電改が、あくまで水上機である強風からの改造機に過ぎないため、改めて一から高性能戦闘機を作らせることにしたためで、誉エンジンを搭載した最高時速686キロメートルの高速戦闘機となる予定であった。

ところが、木型の実物大模型が完成し審査がなされたあたりで戦局が急激に悪化、新型機を何機も開発しているゆとりがなくなり、陣風は整理対象となり開発計画から外され、そのまま試作機が作られることもなかった。

中島近距離戦闘機キ87

完成していれば紫電改をさらに洗練したような見た目になっていたと思われる。

■陸軍　排気タービン過給器が特徴「中島近距離戦闘機キ87」

昭和17（1942）年、襲来が予想されるB‐29に対抗するために試作されたいくつかの防空用戦闘機のうちのひとつ（P‐47に対抗するためとも）。試作中の「ハ219ル」エンジン（2450馬力）と排気タービン過給器を備え、上空1万1000メートルで時速706キロメートル出せるという計画だった。もっとも、操縦席の与圧はされていなかったので実用化すれば電熱線入りの飛行服と酸素マスクは必須だったと思われる。大型エンジンを積んだ大柄な機体だが、雷電のようにエンジンの前に強制冷却ファンを置くことで機首を絞り込んでスマートにしてある。翼内に燃料タンクと機関砲を設置するスペースを確保するため、着陸脚を90度回転させてから後ろに引き込む構造としたが、これを実現できる小型で力の強いモーターがなく、

川崎試作高速研究機キ78〝研三〟

かなり苦心したという。機体の右側面に無骨に排気タービンが突き出しており、これが本機の特徴である。
キ87は期待される性能は高かったものの、エンジンも排気タービン過給器も着陸脚も未完成で、これらの問題点を解決する時間もなく、終戦には間に合わなかった。ただし、試験飛行での感触は悪くなかったそうである。

■陸軍 日本レシプロ機最速「川崎試作高速研究機キ78〝研三〟」

キ78は厳密にいえば戦闘機の試作機ではないが、重要な機体なので紹介する。
昭和13（1938）年、高速を出せる飛行機を研究するため陸軍航空本部が高速研究機の取得を決め、東京帝国大学（現在の東京大学）航空研究所が設計し、昭和17年に川崎が実機を完成させたのがこのキ78である。この機体は「研三」として知られている。もともとはドイツのメッサーシュミットとハインケルが、相次いで速度記録を出したことに刺激されて開発がスタートした。

キ78の外観はもはやただのスピードレーサーである。エンジンはドイツ製のダイムラー・ベンツＤＢ６０１をチューンしたものを使った。液冷エンジン特有の突き出したラジエーターが空気抵抗を生むのを防ぐため、冷却液を機体表面で冷やす表面冷却式を採用し、さらに通常のラジエーターも半埋め込み式に取り付けて僅かな隙間から空気を取り入れて冷却液とオイルを冷やす構造にしている。

このキ78は、現在に至るまで日本で作られたあらゆるレシプロ機の中で最速の、時速６９９・９キロメートルを記録している。ただし研究開発中に太平洋戦争が本格化して速度記録を作っている場合ではなくなり、終戦時にはガラクタ同然に放置された状態で、結局スクラップ処分にされている。

日本軍が組織としては決して褒められたものではないという事実は、みなさんご存知の通りである。

　科学的事実を無視した精神論の横行、上層部の責任逃れ、迷走する方針、人命の軽視……。特攻兵器を開発しながら自分は逃げ延びた者もいれば、大量の餓死者や病死者を出したのも日本軍の特徴である。新兵いじめの暴力は凄惨を極め、重傷を負う者や精神に異常をきたす者までいたという。鉄拳制裁が横行し、自分より目下と見れば日本軍の兵隊だろうが捕虜だろうがすぐ殴るので恨まれたりしていた。戦闘機の生産工場では、アメリカが合理的な大量生産システムを使って増産していた頃、日本では中学生（旧制中学）を動員し、精神論と鉄拳制裁のもとで素人の学生に作業させていたというのだからお話にならない。

　工具の数を点検した時に数が合わないと、同じ班の者同士で向かい合わせに立たされてお互いに殴り合うという残忍な罰が待っていた。そのため別の班同士で工具の盗み合いが横行していたそうである。もっとも、世界のどの軍隊にも残虐行為の前科はあるので、結局戦争はロクでもないという結論に行き着くのだが。

日本社会の体質で言えば、正直言って多少マイルドになっただけで、現代日本も日本軍とあまり変わらない気がするのは残念である。

日本は敗戦後、航空機の開発を一切禁じられてしまう。日本軍の軍用機が連合国軍を悩ませたからだ。

航空機の技術者は別の分野へと流れ、その後の日本では航空機は欧州かアメリカから買うのが当たり前になってしまった。プロペラ機からジェット機へと切り替わる時代に航空機の技術者を育てられなかったことは日本の航空技術の足を引っ張り、船や車では世界レベルのメーカーも多いのに、世界的な航空機メーカーが国内にひとつもないという現状につながる（現在三菱の旅客機ＭＲＪが試験中。ホンダも小型ジェット機を完成させたが、こちらはアメリカのホンダ子会社が開発した）。

これから日本の飛行機が復活するかはわからないが、未だに80年代の「ジャパン・アズ・ナンバーワン」の夢を見ていては復活は心もとない。

今現在、日本の飛行機も（そしていくつかの産業も）敗戦状態である。その事実を認めるところから、第一歩が始まるのである。

■参考文献

『航空史シリーズ（2）軍用機時代の幕開け』（デルタ出版）
宮崎駿『風立ちぬ』（大日本絵画）
秋本実『日本飛行船物語』（光人社ＮＦ文庫）
小福田晧文『零戦開発物語　日本海軍戦闘機全機種の生涯』（光人社ＮＦ文庫）
鈴木五郎『フォッケウルフ戦闘機』（光人社ＮＦ文庫）
碇義朗『戦闘機「飛燕」技術開発の戦い』（光人社ＮＦ文庫）
『別冊一億人の昭和史　日本航空史　日本の戦史別巻３』（毎日新聞社）
『別冊一億人の昭和史　日本陸軍史　日本の戦史別巻１』（毎日新聞社）
野原茂『図説世界の軍用機史５　日本海軍軍用機集』（グリーンアロー出版社）
野原茂『図説世界の軍用機史６　日本陸軍軍用機集』（グリーンアロー出版社）
白石光『第二次世界大戦　世界の戦闘機ＳＥＬＥＣＴ１００』（笠倉出版社）
『エアワールド１９８５　別冊　日本海軍機写真集』（エアワールド）
『世界の傑作機16　陸軍２式単座戦闘機「鍾馗」』（文林堂）
『世界の傑作機19　陸軍４式戦闘機「疾風」』（文林堂）

『世界の傑作機23　陸軍5式戦闘機』（文林堂）
『世界の傑作機24　陸軍試作戦闘機』（文林堂）
『世界の傑作機27　96式艦上戦闘機』（文林堂）
『世界の傑作機61　海軍局地戦闘機「雷電」』（文林堂）
『世界の傑作機65　陸軍1式戦闘機「隼」』（文林堂）
マーチン・ケイディン著、加登川幸太郎訳『第二次世界大戦ブックス3　零戦　日本海軍の栄光』（サンケイ新聞社出版局）
ドナルド・マッキンタイヤ著、寺井義守訳『第二次世界大戦ブックス8　空母　日米機動部隊の激突』（サンケイ新聞社出版局）
ウィリアム・グリーン著、北畠卓訳『第二次世界大戦ブックス33　ロケット戦闘機』（サンケイ新聞社出版局）
碇義朗『第二次世界大戦ブックス別巻6　陸軍「隼」戦闘機』（サンケイ新聞社出版局）
『航空情報別冊　昭和の航空史』（酣燈社）
『歴史通　零戦と坂井三郎』（ワック出版）
宮崎勇著、鴻農周策補稿『還って来た紫電改』（光人社NF文庫）
「歴史群像　2002年6月号」（学研）
『歴史群像シリーズ　第一次世界大戦　下巻』（学研）
『航空ジャーナル　大空への挑戦3』（航空ジャーナル社）
小林完太郎解説『元祖男の料理　［復刻］軍隊調理法』（講談社）

牧野光雄『交通ブックス３０８　飛行船の歴史と技術』（成山堂書店）
中村寛治『カラー図解でわかる航空力学「超」入門』（ＳＢクリエイティブ）
『読売新聞』（１９２４年３月20日他）
『朝日新聞』（１９４０年２月25日他）
大日本航空社史刊行会編『航空輸送の歩み：昭和二十年迄』（日本航空協会）
『日本軍用機の全貌』（酣燈社）
そのほか、書籍や雑誌、インターネットサイトなどを参考にさせていただきました。

■ 著者紹介
横山雅司（よこやま・まさし）
イラストレーター、ライター、漫画原作者。ASIOS（超常現象の懐疑的調査のための会）のメンバーとしても活動しており、おもに UMA（未確認生物）を担当している。CG イラストの研究も続け、実験的な漫画「クリア」をニコニコ静画と Pixiv にほぼ毎週掲載、更新中。著書に『本当にあった！ 特殊飛行機大図鑑』『本当にあった！ 特殊兵器大図鑑』『本当にあった！ 特殊乗り物大図鑑』『憧れの「野生動物」飼育読本』『極限世界のいきものたち』『激突！ 世界の名戦車ファイル』『ナチス・ドイツ「幻の兵器」大全』（いずれも小社刊）などがある。

知られざる
日本軍戦闘機秘話

2019年6月12日 第1刷

著　者　横山雅司

発行人　山田有司

発行所　株式会社 彩図社
東京都豊島区南大塚 3-24-4
MTビル　〒170-0005
TEL:03-5985-8213　FAX:03-5985-8224
http://www.saiz.co.jp
https://twitter.com/saiz_sha

印刷所　新灯印刷株式会社

ISBN978-4-8013-0374-4 C0195